MAN MÜSSTE MAL

DOMINIC MULTERER

MAN MÜSSTE MAL

SO KOMMEN SIE INS HANDELN

Midas Management Verlag
Zürich | Berlin

MAN MÜSSTE MAL ...

© 2018 Midas Management Verlag AG
ISBN 978-3-03876-513-4

Dominic Multerer
Man müsste mal ... – So kommen Sie ins Handeln
Zürich: Midas Management Verlag AG

Lektorat: Claudia Koch, Ilmenau
Korrektorat: Petra Heubach-Erdmann, Düsseldorf
Layout und Typografie: Ulrich Borstelmann, Dortmund
Druck- und Bindearbeiten: CPI Clausen & Bosse, Leck
Printed in Germany

Alle Rechte vorbehalten. Die Verwendung der Texte und Bilder, auch auszugsweise, ist ohne schriftliche Zustimmung des Verlages urheberrechtswidrig und strafbar. Dies gilt insbesondere für die Vervielfältigung, Übersetzung oder die Verwendung in Seminarunterlagen und elektronischen Systemen.

Midas Management Verlag AG, Dunantstrasse 3, CH 8044 Zürich

INHALT

	Vorwort	10
	Intro	12
1	Nichts machen macht nichts	19
2	Wer nicht will, findet Gründe	41
3	Wer will, findet Wege	63
4	Praxisbeispiele	151
5	Hätte ich mal …	189
6	Tschüss Konjunktiv, hallo Indikativ	209
7	Macher-Hacks	219
	Unmoralische Angebote des Autors	224
	Danke	230
	Autorbiografie	232
	Weitere Titel	234

Vorwort 10

Intro 12
Was genau soll ich tun, um besser zu werden? 14
Probleme und Ursachen sind oft bekannt 15
Wie komme ich ins Handeln, das ist der zentrale Punkt 16

1   Nichts machen macht nichts 19
Nichts ist konstanter als Veränderungen 20
Nichts machen ist keine Option 21
»Agilität« – eins der tollen Buzzwords der letzten Jahre 22
Die TOP 5: Worauf ist zu achten –
    und welche Fallstricke gibt es? 24
Stellt sich nun die Frage: »Wie werde ich agil, marktorientiert
    oder beginne zu handeln?« 26
Die Zeit kann nicht zurückgedreht werden 27
Verpasste Chancen verbauen die Zukunft 28
Die quälende Frage: Was bringt die Zukunft? 29
Statement Dr. Michael Peterson *32*
Lernen aus Fehlern als Voraussetzung für Fortschritt 37
Zweifel waren noch nie gute Berater 37
Die Furcht vor einem »Nein« 38
Fazit 39

2   Wer nicht will, findet Gründe **41**
Gestalter treiben Themen voran 43
Raus aus der Komfortzone und der Routine 44
Klare Standpunkte erleichtern Entscheidungen 45
Unklarheit begünstigt »man müsste mal …« 45
Der falsch verstandene Konjunktiv 46
Unausgesprochenes bietet Platz für Interpretationen 47
Leben Sie Klartextkultur! 48
Versteckspiel durch Kompetenzen und Zuständigkeiten 50
Professionelles Argumentieren verschleiert oft Untätigkeit 51
Angst vor Konfrontation 52

Ausreden als »Rettungsring«	54
Nimm dein Leben selbst in die Hand – gestalte es	54
Manchmal ist die Zeit einfach reif zum Handeln	55
Einfach machen stärkt das Selbstbewusstsein	56
Gewohnheiten und Routine sind kontraproduktiv	57
Fehlende kritische Selbstreflexion verhindert Veränderungen	58
Fazit: Wer nichts tut, findet Gründe	60

3 Wer will, findet Wege ... 63

»Nichts machen« ist keine Option	64
Blinder Aktionismus ist kein effektives Handeln	65
Die Crux der Vorsätze zu Neujahr ...	65
Das Multerer-Management-Dreieck	67
Statement Philipp Kroschke	*76*
Es war einmal ein kleines Unternehmen ...	88
Statement Pascal Damm	*92*
Gebrauchsanweisung	104
1. Erste Gespräche – darüber reden & Infos sammeln	105
2. Entscheidungsgrundlage schaffen – Konzept / Roadmap erstellen	112
3. Der Eigen- & Fremdbildabgleich	119
4. Verbindlichkeit schaffen – und Beziehungen aufbauen	126
5. Entscheidungen treffen – einfach anfangen	132
Statement Bernd Lietke	*142*
Die fünf Grundsätze im Überblick	148

4 Praxisbeispiele ... 151

»Man müsste mal ... Marketing machen. Oder wahrgenommener Marktführer werden«	152
»Man müsste mal ... Vertrieb neu denken«	156
»Man müsste mal ... eine Unternehmensstrategie entwickeln«	158
»Man müsste mal ... eine Strategie für die Kommune/Stadt entwickeln«	165
»Man müsste mal ... die HR neu strukturieren«	174
»Man müsste mal ... interne Kommunikation machen«	179

5	**Hätte ich mal …**	**189**

Es »lebe« der Konjunktiv … 190
Manchmal braucht man den Tritt in den Hintern … 191
Statement Ute Flockenhaus … *192*
Statement Stefan Kuntz … *194*
Statement Andreas Rind … *196*
Statement Antonio Brissa … *200*
Statement Benjamin Achenbach … *203*

6	**Tschüss Konjunktiv, hallo Indikativ**	**209**

Big Why: Ein Motiv ist entscheidend für den Antrieb … 211
Eine Klartext-Tour schafft Mehrwerte und Vertrauen … 215

7	**Macher-Hacks**	**219**

8	**Unmoralische Angebote des Autors**	**224**

Feedback zu diesem Buch … 224
Sparringspartner oder Weggefährte? … 225
Vortrag zu diesem Buch … 226
Klartext-Tag … 227
Das kann ich für Sie tun: … 228

9	**Danke**	**231**

Jeder, den du triffst, fragt dich nur, ob du einen Beruf hast, eine Frau oder ein Haus. Als wäre das Leben eine Einkaufsliste. Aber niemand fragt dich jemals, ob du glücklich bist.

Heath Ledger
Australischer Schauspieler (04.04.1979 – 22.01.2008)

VORWORT

Der Weg ins 21. Jahrhundert führt uns auch in ein Zeitalter des exponentiellen Wachstums. Dank neuer Technologien können wir uns mit anderen Menschen auf bisher unvorstellbare Weise verbinden und Erfahrungen austauschen. Die Welt ist bereits in das Zeitalter der außerordentlichen Veränderungen eingetreten, doch Institutionen, die von linearen – konventionellen – Denkern beherrscht werden, hinken hinterher. Dies ist die momentane Lage.

Ich bin davon überzeugt, dass die Welt lineare Denker, die gesellschaftliche oder technologische Veränderungen von oben nach unten bewirken wollen, nicht mehr benötigt. Lineare, konventionelle Denker neigen zu Genügsamkeit. Sie scheuen Komplexität. Menschen, die so denken, wählen den Weg des geringsten Widerstands und lassen sich nicht auf Abenteuer ein, bei denen sie Neues entdecken könnten. Lineare Denker akzeptieren die Welt so, wie sie ist. Für sie bedeutet Veränderung Unsicherheit. Im besten Fall lassen sie sich auf theoretische Erwägungen ein, die mit den Worten »man müsste ...« anfangen. Das war es dann aber auch schon. Mehr passiert nicht.

Ich habe erkannt, dass die alten Denkweisen die Einfachheit großen Ideen vorziehen. Dieses Verhalten führt dazu, dass bahnbrechende neue Technologien ausgebremst werden, weil man den Status quo nicht gefährden will. Man will nichts hinterfragen, sich keinen unbequemen Antworten stellen und vor allem nichts verändern.

Für den Hyperloop ist »man müsste ...« keine Option. Hyperloop bricht mit dem Status quo. Er steht für weit mehr als die Technik, die ihn möglich gemacht hat. Er steht für eine Bewegung. Sie allein hat die Kraft, den Status quo infrage zu stellen und die Gesellschaft von unten zu verändern. Das wird auch durch eine bahnbrechende Technologie ermöglicht, die uns den Weg in eine neue Zukunft weist. Die Idee für den Hyperloop kam genau zum richtigen Zeitpunkt, denn die Technik ist weit genug und es gibt genügend Experten, um diese Idee voranzutreiben. Doch dazu braucht man die Haltung: »Packen wir es an.« Konjunktive haben noch keine Idee Realität werden lassen.

Die Technologie, die beim Hyperloop verwendet wird, ist nicht sonderlich neu. Seit über zweihundert Jahren setzen wir bereits geschlossene Röhren im Transportwesen ein; photovoltaische Solarenergie gibt es fast ebenso lange. Seit einem Jahrhundert werden Magnetschwebebahnen eingesetzt und künstliche Intelligenz gibt es auch schon seit fünfzig Jahren. Nun ist die Zeit gekommen, all diese Technologien zusammenzubringen und den Hyperloop zu ermöglichen ... ohne »man müsste ...«.

Wir revolutionieren das Transportwesen.

Dirk Ahlborn, CEO Hyperloop Transportation Technologies*
www.hyperloop.global

---

* Anmerkung des Autors:

Hyperloop Transportation Technologies, auch bekannt als HTT, ist ein amerikanisches Forschungsunternehmen, das mithilfe eines Crowd-Collaboration-Ansatzes (eine Mischung aus Teamarbeit und Crowdsourcing) ein auf dem Hyperloop-Konzept basierendes Transportsystem entwickelt, das 2013 von Elon Musk (u.a. TESLA) populär gemacht wurde. HTT ist nicht zu verwechseln mit Hyperloop One.

Das Projekt soll einen Hochgeschwindigkeits-Überlandtransporter mit einem Niederdruck-Rohrzug entwickeln, der eine Höchstgeschwindigkeit von 1.300 km/h (800 mph) mit einer jährlichen Kapazität von 15 Millionen Passagieren erreichen wird. Erste Strecken werden bereits gebaut.

HTT plant auch langsamere privatisierte städtische Hyperloops für Reisen zwischen den Vorstädten.

INTRO

»Man müsste mal ...!«

Kennen Sie diese Gedankengänge? Kommen sie Ihnen bekannt vor?

Man müsste mal ... endlich die Wohnung renovieren.

Wo liegt das Problem? Dann stellen Sie eine Liste mit Dingen auf, die Sie zur Renovierung benötigen, fahren Sie in den nächsten Baumarkt, kaufen Sie ein und fangen Sie an. Die Einwände kennen Sie bestimmt: Wenn das so einfach ginge! Man muss erst einen passenden Termin finden, Hilfe organisieren, die Farben müssen abgestimmt werden und so weiter.

Man müsste mal ... endlich die Abteilung restrukturieren.

Wunderbar! Dann schreiben Sie auf, was Sie damit erreichen wollen, formulieren Sie ein Ziel und wie die neue Besetzung und Aufgabenverteilung aussehen könnte und wer Sie dabei unterstützen kann. Ach, so schnell geht das leider nicht? Ihre Firma ist basisdemokratisch orientiert und Sie müssen erst ein Meeting abhalten, wo alles diskutiert wird? Na, dann ...

Man müsste mal ... endlich die netten Nachbarn zum Essen einladen.

Tolle Idee, das Verhältnis sollte wirklich aufgefrischt werden. Ja, dann rufen Sie die Nachbarn doch einfach an, vereinbaren Sie ein Treffen, kaufen Sie dafür ein, bereiten Sie alles vor und freuen Sie sich auf einen gemütlichen Abend. Wenn das so einfach wäre, sagen Sie? Sie haben sich länger nicht gemeldet, wissen nicht, ob Bier oder Wein besser wären und Ihren Partner oder Ihre Partnerin müssen Sie schließlich auch noch fragen. Aber es wird sich schon irgendwann ergeben, nicht wahr? Wenn nicht heute, dann eben nächste Woche. Oder nächsten Monat. Oder eben gar nicht.

Man müsste mal endlich die IT-Stelle neu besetzen, die Marketingstrategie neu aufstellen, das Treppenhaus putzen.

Man könnte die Liste beliebig fortsetzen. Und was passiert im Endeffekt?

Nichts!

Wenn sich alle Vorhaben, Pläne und Überlegungen doch nur so leicht umsetzen ließen … ! Vieles scheitert bereits am Wörtchen »wenn« – wenn das Wörtchen »wenn« nicht wäre, dann wäre »man müsste mal …« wohl schon erledigt. Einsichten oder kluge Sprüche wie diese möchte man oft am liebsten ignorieren. Doch was bringt das? Weglaufen kann man nur bedingt, und es löst die Probleme nicht – weder im privaten noch im beruflichen Alltag. Es ist auch egal, ob Sie Hausfrau, Polizeibeamter, Ingenieur oder Topmanager sind. Wenn dann allerdings andere befördert werden, Chancen vertan sind oder andere genau das machen, was man eigentlich auch tun wollte, wird es richtig ärgerlich. Und das nur, weil man sich in Ausreden verfangen hat und selbst eben nicht ins Handeln gekommen ist. Dabei kann jeder – wirklich jeder – seine Zukunft selbst in die Hand nehmen. Jeder hat die Möglichkeit, zu entscheiden, ob etwas geschieht oder nicht. Einfach machen, statt über »man müsste mal …!« zu philosophieren, ist der entscheidende Schritt.

Seit einigen Jahren unterstütze ich als Berater, Interimsmanager oder Mitglied der Geschäftsleitung branchenübergreifend Unternehmen in marktorientierten Themen: bei der Erarbeitung und Umsetzung der Unternehmensstrategie, wie sie erfolgreich zu einer Marke werden, neue Geschäftsbereiche aufbauen und/oder sich entsprechend positionieren. Sprich: Wie man das »Ohr« am Markt behält, um die Marktführerschaft erarbeiten zu können. In meinen Büchern »Marken müssen bewusst Regeln brechen, um anders zu sein« und »Klartext. Sagen, was Sache ist. Machen, was weiterbringt.« spreche ich Probleme an, die mir bei meinen Vorträgen und Beratungen immer wieder begegnet sind, und biete entsprechende Lösungen an.

Was genau soll ich tun, um besser zu werden?

Besonders die Herausforderung »Was genau soll ich tun, um besser zu werden?« schien die Leute zu beschäftigen. Prima, dachte ich, sie stecken eben zu fest in ihrem Job, sehen den Wald vor lauter Bäumen nicht mehr. Ich fasste also meine Sicht und meine Erfahrungen in den oben genannten Büchern zusammen. Die Bücher kamen gut an, ich erhielt positives Feedback. Doch ich musste schon beim Markenbuch schnell feststellen, dass es zwar positiv aufgenommen wurde, aber auch weiterhin Fragen hinterließ. »Herr Multerer, wie soll eine Positionierung durchgeführt werden? Das mache ich ja nicht allein, und bei uns weiß oft die Rechte nicht, was die Linke tut. Was, wenn es keine klaren Anweisungen gibt? Oder wenn wir gar nicht so genau wissen, was eigentlich falsch läuft?«

Dann muss ich wohl deutlicher werden, dachte ich mir und schrieb »Klartext. Sagen, was Sache ist. Machen, was weiterbringt.« Analysieren und es aussprechen – dazu gehört auch, mit Problemen nicht hinter dem Berg zu halten, das Kind einfach beim Namen zu nennen und sich und andere für Themen zu sensibilisieren. Dann ist auch klar, was zu tun ist, und das Geplante kann in die Tat umgesetzt werden. Ich hatte schon erklärt, wie man markenorientiert handelt, und setzte nun noch obendrauf, wie man das tut.

Eigentlich ganz einfach.

Die Gedanken sind beherrscht von »aber, wenn, eventuell«.

Dachte ich.

Denn immer noch kamen Manager, Organisationsverantwortliche, Vorstandsmitglieder oder Firmeninhaber nach Vorträgen zu mir:

»Super, was Sie da vorgetragen haben. Da finde ich mich voll drin wieder. Sie sprechen genau das an, was uns beschäftigt. Aber ...« Und irgendein »Aber« kam dann garantiert. Beispielsweise: »Herr Multerer, was Sie in Ihrem Vortrag erwähnt haben, darüber müssten wir mal konkret sprechen. Irgendwann.« Dabei blieb es dann auch. Beim »Man müsste mal ...«. Nicht alle sind so, aber viele.

Zuerst dachte ich, ich spinne. Wann kommen die Leute voran? Was soll ich noch machen, damit sie ins Handeln kommen? Ich höre oft: »Sie müssten mal in unsere Firma kommen! Sie könnten sicher viel verändern, Ihre Tipps scheinen genau das Richtige für uns zu sein!« Ich stimme zu und bekomme zur Antwort: »Nein, das geht natürlich nicht sofort. Ich muss erst mit dem Chef sprechen.« Das Ganze müsse vorbereitet werden, was würden überhaupt die Kollegen sagen, wenn man derart die Initiative ergriffe, und überhaupt: Es liege doch gar nicht in der eigenen Kompetenz, das zu entscheiden.

Probleme und Ursachen sind oft bekannt

Diese und ähnliche Aussagen bestätigten, was ich bereits lange vermutete: Viele Besucher meiner Vorträge wussten in der Tat schon lange, dass sie mit einer Situation in Familie, Firma oder bei Geschäftspartnern nicht zufrieden oder gar völlig genervt sind. Gut ein Drittel kann genau sagen, was sie stört, immerhin gibt es da draußen ein Heer von Ratgebern, Personal Coaches, Motivationstrainern und Unternehmensberatungen, die eifrig in Anspruch genommen werden. Sie alle zeigen Tipps und Methoden auf, wie man Schwachstellen analysiert, Pläne erstellt oder Ziele definiert. Trotzdem bleibt es häufig bei der Erkenntnis – Taten folgen keine. Man eiert herum und findet tausend Gründe, doch nicht zu handeln. Man dreht sich im Kreis, Probleme werden zur Routine, bis dann plötzlich wieder auffällt, wie wenig man erreicht hat. Die Schlussfolgerung lautet dann fast immer: »Man müsste mal etwas dagegen unternehmen!« Ich spreche die Probleme an, lege den Finger in die Wunde, und plötzlich macht es »klick«.

Viele, wenn auch nicht alle, wissen, dass Veränderungen notwendig sind. Und dabei ist egal, ob es sich um Veränderungen im Privaten oder in der Geschäftswelt handelt. Die meisten wissen auch, dass man darüber sprechen sollte, denn Veränderungen lassen sich selten völlig allein umsetzen. Immerhin haben sie Auswirkungen auf alle und natürlich sind sie auch immer von anderen Faktoren abhängig. Eine klare Kommunikation ist also mindestens ebenso wichtig.

Wie komme ich ins Handeln, das ist der zentrale Punkt

Es ist die Umsetzung, an der es in der Regel hapert. Man erkennt zwar die Hindernisse, packt aber nicht an, weil der Weg zum Ziel zu weit erscheint oder man keinen Anfang findet. Es wird aufgeschoben. »Prokrastination« ist derzeit in aller Munde, immer wieder geistert dieses Fremdwort durch die Medien. Man findet Ausreden und tut dann letztendlich doch nichts. Ich will mit diesem Buch zeigen, wie Sie ins Handeln kommen. Aber bitte nicht verwechseln: Handeln müssen am Ende Sie!

Bis zu einem gewissen Punkt kann ich Hilfestellung und den Anstoß geben, um Sie in die richtige Richtung zu lenken. Niemand kennt die Strukturen, in denen Sie, Ihr Unternehmen, Ihre Familie, Ihre Partner – ob privat oder geschäftlich – festsitzen, so gut wie Sie selbst. Sie müssen selbst anpacken und es selbst schaffen.

Was ich leisten kann, ist, Ihnen einen Weg vom »Man müsste mal …!« über das »Was will ich eigentlich genau?« bis hin zum »Wie schaffe ich das?« zu beschreiben.

Dazu ist dieses Buch gedacht. Mit fünf Kniffen will ich aufzeigen, wie Sie von der Erkenntnis ins Handeln kommen. Wie Sie über das Machen also nicht nur reden, sondern es tatsächlich auch tun. Fünf

Schritte also, die Sie vom »Man müsste mal ...!« zum »Ich hab's geschafft !« geleiten.

Fangen wir also an.

Was halten Sie von folgender Idee: Ein paar Monate, nachdem Sie dieses Buch gelesen und verarbeitet haben, schreiben Sie mir eine E-Mail oder klassisch einen Brief. Schildern Sie mir, wie Sie jetzt ins Handeln kommen, wie Sie Dinge angehen und wie Sie es geschafft haben, die Phrase »Man müsste mal ...« aus Ihrem Kopf zu streichen. Es würde mich freuen, von Ihrer neuen Einstellung und von Ihrem neuen Weg zu erfahren.

Viel Erfolg und viel Spaß beim Lesen!

Dominic Multerer
Von-Kirn-Straße 11
56182 Urbar

info@dominic-multerer.de

»Wenn ein Fußballer nicht gegen den Ball tritt, schießt er eben auch keine Tore.«

Dominic Multerer

1 MAN MÜSSTE MAL

NICHTS MACHEN MACHT NICHTS

Nichts machen, macht nichts?! Ist es also nicht so schlimm, wenn ich nichts mache, oder gar egal? Wozu brauche ich dieses Buch, werden Sie sich jetzt fragen. Wenn ohnehin alles egal ist, kann ich mich ja bequem zurücklehnen und einfach gar nichts tun. Schließlich ist das auch viel bequemer. Es wird sich schon alles von selbst regeln. Irgendwie.

Wer mich kennt, weiß, dass ich mit dieser Überschrift natürlich etwas ganz anderes bewirken will: Ich möchte Sie provozieren und Ihnen Beine machen. Denn viele wissen zwar, dass etwas in ihrem Leben, in ihrem Unternehmen geändert werden muss, dennoch scheint ein nonchalantes »Egal, irgendetwas passiert schon irgendwie« das Motto schlechthin zu sein. Die wenigsten gehen von der Erkenntnis, es müsse sich etwas ändern, sofort in medias res und setzen ihre Ideen und Ansätze einfach in die Tat um. Die meisten reden sich viel lieber heraus, um etwas nicht anpacken zu müssen. Beliebte Ausreden sind: Das kann ich doch gar nicht allein. Ich weiß nicht, was ich genau tun soll. Und wer sagt mir eigentlich, dass hinterher wirklich alles besser ist als vorher? Bisher ist es doch auch ganz gut gelaufen, es gibt also keinen handfesten Grund, warum ich überhaupt etwas ändern sollte, und mein Terminkalender ist voll bis Ende des Jahres.

Es muss sich was ändern.

Nichts ist konstanter als Veränderungen

Wer Antworten auf die Frage haben will, ob hinterher wirklich alles besser ist, dem sei gesagt: Die positiven Seiten einer Veränderung können Sie erst kennenlernen und damit auch beurteilen und einschätzen, wenn Sie sich auf Veränderung einlassen.

Wenn Sie die Ideen und Veränderungen umgesetzt haben, sie haben Wirklichkeit werden lassen, werden Sie sehr wahrscheinlich schon dadurch zufrieden sein, dass Sie etwas getan und nicht abgewartet haben. Und dies zu Recht, denn zum einen ist kaum anzunehmen, dass Veränderungen »einfach so« passieren. Es ist wie mit den regelmäßigen Sporteinheiten: Vorher kämpft man mit der Unlust und scheut die Mühe, am Ende ist man froh, dass man es angegangen ist. Zum anderen erwirken äußere Umstände oder andere Personen vielleicht eine Veränderung, die man gar nicht oder nur schwer beeinflussen kann.

Macht es denn wirklich nichts, wenn man »nichts macht«? Für einige mag das so aussehen. Immerhin fuhr man mit dem Alten doch auch immer ganz gut. Aber der vermeintliche Vorteil ist auch der gravierende Nachteil einer solchen Denkweise: Mit dieser Einstellung geschieht eben nichts. Es bleibt alles beim Alten.

Wenn ein Fußballer nicht gegen den Ball tritt, schießt er eben auch keine Tore.

Nichts machen ist keine Option

Damit kommen wir zur zweiten möglichen Interpretation der Kapitelüberschrift: Nichts machen ändert nichts. Wenn man nichts tut, dann ändert sich nichts und alles bleibt, wie es ist. Und das, obwohl eigentlich klar ist, dass etwas geändert werden sollte. »Nichts machen, macht nichts« – eben auch keinen Fortschritt. Das können wir also schon einmal festhalten.

Ein Beispiel: Für die Sport1 GmbH, ein Unternehmen der Constantin Medien AG, war ich als Geschäftsbereichsleiter eSports TV & Digital (interim) tätig. Meine Aufgabe war, das erste konzernweite agile Team aufzubauen und dazu eine Strategie- und Produktentwicklung eines eigenen Geschäftsbereichs inklusive Recruiting, Refinanzierung und Reichweitenaufbau zu etablieren. Warum? Sie konnten so weitermachen wie bisher – oder »man müsste mal ...« einen neuen Geschäftsbereich aufbauen – in die Tat umsetzen. Die Geschäftsführung fragte sich also: »Was können wir tun, was haben wir, wie sieht der Markt aus? ... Nichts machen ist keine Option. Wie also gehen wir das Thema an?« Ich wurde damit beauftragt, weil ich schon diverse Unternehmen aus den verschiedensten Branchen betreut und ins Handeln gebracht habe. Die Herausforderung war die Strategieentwicklung des Bereichs, da alle Abteilungen mitreden wollten – gleichzeitig eine neue Denkweise der Agilität zu etablieren machte die Aufgabe reizvoll.

> Nichts machen ist keine Option.

»Agilität« – eins der tollen Buzzwords der letzten Jahre

»Agilität.« Jeder spricht darüber, aber was bedeutet das in der Praxis? Wie funktioniert das, wo sind die Fallstricke?

Es geht immer um gesunden Menschenverstand, gepaart mit einem Gespür für den Kunden. Was möchte er? Wie kann er besser werden? Oder seine Produkte und Dienstleistungen passgenauer am Markt etablieren? Für mich ist das Wort »Agilität« eins dieser tollen Buzzwords der letzten Jahre, denn die Arbeitsweise und Haltung, die damit gemeint ist, sollte eigentlich in jedem Unternehmen schon seit Jahrzehnten verankert sein. Traurig, dass es nicht so ist. Irgendwie wurde das verpennt.

Pro-aktiv sein

Getrieben von der Digitalisierung und den sogenannten disruptiven Innovationen stehen Branchen und einzelne Unternehmen mehr denn je vor der Herausforderung, sich neu zu erfinden. Welch ein Wunder!

Das war schon immer so! Nur geht es jetzt schneller. Klassische Management-Arbeitsweisen müssen abgelöst werden: Festgelegte Strategien, Strukturen und Prozesse für gleichbleibende Herausforderungen – das funktioniert zukünftig nicht mehr. Kundenanforderungen verändern sich heute schneller, Innovationen werden schneller marktreif, Märkte werden komplexer. All das bedeutet, Sie müssen pro-aktiv sein.

Wenn Unternehmen darüber sprechen, nun agil arbeiten zu wollen, heißt das aus meiner Sicht nichts anderes als: »Wir achten auf den Markt (Wettbewerber), sprechen mit Kunden, Mitarbeitern, Interessenten und bringen die so gewonnenen Erkenntnisse umgehend ins Produkt ein – und passen, wenn notwendig, das Geschäftsmodell an.« Das ist auch korrekt. Dazu braucht es jedoch kein Buzzword wie Agilität, jede Führungskraft sollte das bereits im Blut haben und ihre Mitarbeiter sensibilisieren.

Agilität meint einen konstanten Wandel und schnelle Anpassungsfähigkeit. Das ist nichts anderes als der Wunsch, dass Teams eigenverantwortlicher in definierten Rahmenbedingungen arbeiten und selbstständig und schnell Entscheidungen treffen. Damit werden kurze Planungs- und Umsetzungszyklen möglich, aus denen wiederum unmittelbare »agile« Anpassungen für den Markt oder die Prozesse resultieren. Darum ging es schließlich auch bei Sport1.

Mittelstand und Konzerne versuchen, diesen Weg ebenfalls zu gehen, weil man auch dort (durch disruptive Innovationen) verstanden hat, dass man zu träge war und den Blick weg von Hierarchien und gleichbleibenden Anforderungen hin zum Kunden, zu schlanken Prozessen und sich verändernden Marktanforderungen richten muss. »Das haben wir schon immer so gemacht!«, ist kein Argument. Das erfordert in starren Strukturen radikales Umdenken. Nicht immer macht man sich mit einer solchen Strategie Freunde.

Ein positives Beispiel dafür liefert allerdings der Werkzeughersteller HILTI aus Liechtenstein. Das Unternehmen beobachtete seine Kunden und stellte Folgendes fest: Eines seiner Hauptprobleme bestand darin, dass man die Arbeit unterbrechen musste, wenn an einer Baustelle die entsprechende Gerätschaft fehlte. Mit dem Thema Verfügbarkeit als Aufhänger entwickelte HILTI ein Open-Fleet-Management-System. Damit können die Kunden das benötigte Material mieten – sogar im Abomodell. Um diese Neuerung durchsetzen zu können, musste man in andere Bereiche eingreifen: das Geschäftsmodell als System.

> **Das Geschäftsmodell als System**

Dabei ist es wesentlich wichtiger, Märkte und Geschäftsmodelle zu verstehen und zu entwickeln, als in einer Branche seit 20 Jahren aktiv zu sein. Eine so lange Zeit in derselben Branche ist oftmals sogar eher hinderlich. Wenn ich meine Kunden aus Chemie, Hotellerie, der Medienbranche, dem Verlagswesen oder dem Automobilbereich betrachte, geht es am Ende immer um Märkte, Herausforderungen, Herangehensweisen, gute Ideen und deren Umsetzung. Deshalb mein Appell: Wenn Sie zum Beispiel Bohrer vermieten möchten, denken Sie darüber nach, eine Person von einem Streamingdienst wie Amazon Prime, Netflix oder Spotify einzustellen. Diese Leute kennen das Geschäftsmodell »Aboservice« und wissen, wie es modern aufgebaut wird.

Die TOP 5: Worauf ist zu achten – und welche Fallstricke gibt es?

1. Denk- und Handlungsweise

Findige Menschen sind erfolgreich und erwecken Strategien zum Leben. Als Führungskraft müssen Sie dafür sorgen, dass Sie aktuelle Mitarbeiter für dieses Vorgehen gewinnen – oder die richtigen Leute ins Boot holen. Damit steht und fällt Agilität. Haben Sie einen faulen Apfel im Korb, faulen alle anderen auch. Holen Sie sich eine starke Persönlichkeit mit eigenem Willen, der die Organisation herausfordert. Bereits 2013 habe ich davon gesprochen, dass es um die Denk- und Handlungsweise geht, wenn man ein Unternehmen voranbringen will. Einzelne Skills sind austauschbar.

2. Eigenverantwortung und Rückhalt

Es ist elementar, dass agile Teams vollkommene Verantwortung bekommen und eigenverantwortlich agieren. Kosten- und Umsatzverantwortung liegen im Team, ebenso die Entscheidungsgewalt und alles, was dazu gehört. Diese Eigenverantwortlichkeit bringt das Team dazu, gewisse Dinge zu hinterfragen: Wieso soll ich intern etwas einkaufen, wenn es extern besser und günstiger ist? »Weil das immer so gemacht wurde«, ist kein Argument. Durch das Hinterfragen schafft man neue Lösungen. Das wird andere im ersten Moment ärgern, hier sind Selbstbewusstsein und Rückhalt durch das Top-Management notwendig. Andernfalls platzt die Bombe und das Projekt »Agilität« ist tot.

3. Strukturen können Stolpersteine sein

In mittleren bis großen Unternehmen gibt es für jedes Thema bestimmte Verantwortlichkeiten. »Herr Müller macht B2B-Marketing, wenn Sie dort etwas machen möchten, sprechen Sie das bitte vorher ab.« Die Abteilungen einzubinden ist zwingend notwendig. Das agile Team stellt (ungewohnterweise) die Anforderungen und vergibt Deadlines, bis wann die einzelnen Gewerke zu liefern haben. Sollte dies nicht passieren, wird entweder das agile Team ausgebremst oder man muss sich Alternativen überlegen. Eventuell macht man das Marketing (in Rücksprache) eben selbst oder vergibt es nach außen.

4. Veränderte Führungskultur

Ermutigen, tüfteln, motivieren, statt Druck zu erzeugen und zu kontrollieren. Führungskräfte sind auf die Innovationen und guten Ergebnisse ihrer agilen Teams angewiesen, um die Zukunftsfähigkeit des Unternehmens zu sichern. Eine moderne Führungskraft erklärt, wieso der Blick auf den Kunden wichtig ist, und hilft Mitarbeitern, das Warum zu verstehen. Welche sind die Herausforderungen? Dabei ist komplette Transparenz und Nachvollziehbarkeit essenziell, warum man diese Wege geht oder Entscheidungen trifft.

5. Trial & Error und gepflegter Austausch

Fehler sind in Ordnung und werden einkalkuliert. Nur so kann man Erfahrungen generieren und hinzulernen. Das bringt einen auf andere Gedanken und Wege, die vorher nicht so klar waren. Trial & Error ist kein Selbstzweck, Ziel ist ein agiles Team oder Unternehmen, das dauerhaft lernt und so seine Marktposition ausbaut (oder mindestens sichert). Dabei ist ein stetiger interner und externer Erfahrungsaustausch sehr hilfreich. Dieser kann mittels eines wöchentlichen 20-minütigen »Statusmeetings« stattfinden, bei dem die Erfahrungen der Woche zusammengefasst werden.

Stellt sich nun die Frage: »Wie werde ich agil, marktorientiert oder beginne zu handeln?«

Sie benötigen zum Start ein relativ losgelöstes Thema, das autonom von einer eigenen Unit betreut werden kann, die agiles Arbeiten im Unternehmen nach und nach etabliert. Zum Beispiel möchte HILTI Geräte vermieten, eine spezielle Unit soll etabliert oder im Medienunternehmen ein Bereich »Digital« eingerichtet werden. Natürlich können Sie auch das Unternehmen im Rahmen eines Strategieprozesses insgesamt umstellen. Vergessen Sie aber nicht, dass Mitarbeiter erst die Denkweise lernen müssen. Fangen Sie langsam an und etablieren Sie das Thema schrittweise.

Beschäftigen Sie sich im Vorfeld mit Ihren aktuellen Strukturen. Überlegen Sie sich pro-aktiv, wo Konflikte auftreten könnten, wie Sie diese managen möchten, und machen Sie einen Plan. Dann brauchen Sie ein erstes Thema, die Entschlossenheit und eine durchsetzungsfähige Person, die marktorientiert genug denkt, um ein solches Team zu etablieren. Sie benötigen jemanden, der sowohl neue Erlösquellen als auch neue Märkte identifizieren kann und eine Vision mitbringt.

Agilität ist nichts anderes als marktorientiertes Denken und Handeln. Das ist meist nicht gelernt, aber zwingend notwendig, um die Zukunftsfähigkeit Ihres Unternehmens zu sichern. Es bedarf eines klaren Bekenntnisses, regen Austauschs, hoher Eigenverantwortung.

Im Grunde wollen wir immer weiter und wollen Entwicklung, nicht Stagnation. Nichts soll in festgefahrenen Bahnen laufen. Wir sehnen uns nach Spontaneität und Abwechslung. Stehenbleiben ist langweilig, wir sind unzufrieden, wenn wir nichts erreicht haben.

Wir wollen etwas geschafft haben, stolz auf uns sein und sagen können: Das habe ich getan.

Früher ging ich oft mit meinem Opa auf die Baustelle, wenn ich schulfrei hatte. Er war Fliesenleger und sehr zufrieden mit dem, was er tat. Wahrscheinlich lag es daran, dass er abends immer genau sehen konnte, was er an diesem Tag geschafft hatte. Ein weiteres Badezimmer war fertig gefliest, noch eine Küche frisch und sauber gekachelt. Er hatte das Ergebnis seiner Arbeit immer direkt vor Augen und konnte seinen Erfolg sehen.

> Nichts soll in festgefahrenen Bahnen laufen.

Die Zeit kann nicht zurückgedreht werden

Denn auch darum geht es beim Umsetzen von Ideen und Konzepten: Niemand will sich über Zeitverschwendung ärgern müssen, weil er nichts gemacht hat. Nicht nur, dass man nicht beurteilen kann, was hätte besser werden können. Oftmals ärgert man sich später eben auch, weil man feststellt: »Hätte ich doch mal ...!«

Häufig erlebe ich das bei Unternehmern im Ruhestand oder Menschen, die mal eine Idee hatten, z. B. ein Unternehmen zu gründen, und die es dann nicht getan haben. Da höre ich oft: »Hätte ich dieses und jenes doch mal anders gemacht! Hätte ich doch mal ... dann hätte ich etwas bewirkt. Alles wäre jetzt anders.«

Ich kenne einen Unternehmer, der eine Firma zur Sanierung von Brandschäden Anfang der 70er-Jahre buchstäblich aus dem Nichts sehr erfolgreich aufgebaut hat. Bis vor 15 Jahren lief alles gut. Dann fingen die Versicherungen an, Brandschäden digital zu erfassen. Dazu gehörte auch das Ausmessen der Räume per Laserverfahren. Die exakt ermittelten Daten wurden in der elektronischen Akte gleich als Grundlage für die Bewertung abgespeichert.

Der Unternehmer war inzwischen 65 Jahre alt und hielt wenig von diesem »Computerzeugs«. Er vertraute weiterhin der gewohnten

Verfahrensweise: Bestandsaufnahme mittels Zollstock, Zettel und Bleistift. Seine Firma war jedoch inzwischen nicht das einzige Unternehmen dieser Art in der Region. Die anderen Firmen hatten sich bereits der Arbeitsweise der Versicherungen angepasst und entsprechend umgestellt. Es kam, wie es kommen musste. Trotz seiner Erfahrungen und seiner guten Kontakte kam er bei der Vergabe von Aufträgen kaum noch zum Zuge. Das Geschäft brach dramatisch ein. Und letztlich kam seine Erkenntnis »Hätte ich mal« zu spät. Man muss sich eben ständig neu erfinden.

- Diese Ungewissheit, ob man in der Vergangenheit nicht dieses oder jenes hätte anders machen können, kann einem die Gegenwart ziemlich vermiesen.

- Wäre ich doch umgezogen, dann hätte ich den anderen Job gekriegt und vielleicht ganz neue Leute kennengelernt.

- Hätte ich doch die neue Maschine angeschafft, dann könnte ich den lukrativen Auftrag annehmen und expandieren.

- Hätte ich doch nur.

- Hast du aber nicht!

Verpasste Chancen verbauen die Zukunft

Kodak ist ein weiteres gutes und prominentes Beispiel, wie man Veränderungen verschlafen kann, obwohl man sie unter anderem selbst anstößt. In den 1980er-Jahren war Kodak auf dem digitalen Gebiet weltweit der Vorreiter und an der Entwicklung erster Digitalkameras beteiligt.

2012 allerdings stand das Unternehmen kurz vor der Insolvenz, die Mitarbeiterzahl, in Hochzeiten über 60.000, war rapide auf weniger als die Hälfte gesunken, bis man sogar die Herstellung der Digitalkameras einstellte. Heute stellt Kodak, das über hundert Jahre weltweit führend in der Produktion fotografischer Ausrüstung aller Art war und dessen Name synonym für die Qualität einer solchen Ausrüstung verwendet wurde, nur noch Druckmaschinen her. Den riesigen Markt der Digitalfotografie teilen sich andere.

Ein Grund für diese Entwicklung ist, dass die Verantwortlichen die digitale Fotografie für eine Spielerei hielten. Man entwickelte diese Kameras und das Zubehör dafür zwar – immerhin hatte man ja auch einen Ruf zu verlieren –, aber man ließ die Firmenstrukturen und Produktionsreihen weitgehend unverändert. Qualität setze sich immer durch und gute Filme würden die Leute wohl immer kaufen. Leider falsch. Eine solche Einstellung ist natürlich unklug und man kann sicher darüber streiten, ob man sich bei Kodak überhaupt die Frage »Man müsste mal …« ernsthaft gestellt hat.

Ich gehe schon davon aus, dass es genügend Leute im Konzern gab, die das Potenzial der digitalen Fotografie durchaus erkannt haben. Wenn dem so war, hat man dieser Erkenntnis aber keine Taten folgen lassen, sonst wäre das Unternehmen heute noch Marktführer. Die Voraussetzungen dafür waren gegeben. Heute ist Kodak vor allem ein Beispiel für »Hätte man doch mal …!«.

Die quälende Frage: Was bringt die Zukunft?

Zur Verteidigung von Kodak ließe sich nun ins Feld führen, dass auch bei einem Weltmarktführer keine Wahrsager angestellt sind, um die Zukunft vorherzusagen. Allerdings kommen wir an dieser Stelle zu einem weiteren wichtigen Punkt auf dem Weg vom Konjunktiv eines »Man müsste mal …« zum handfesten »Ich mach das jetzt«: Man darf eben nicht immer nur theoretisieren, sondern muss auch probieren. Oder meinen Sie, Steve Jobs hat sich den iPod an einem einzigen Tag einfallen lassen? Es ist die Praxis, die zählt und die wichtig ist. Wenn man Dinge nicht ausprobiert, kann man nur spekulieren, woran ein Plan, eine Idee, ein Konzept scheitern könnte. Ich persönlich weiß, wohin ich will. Ich habe keinen klaren Weg, und doch weiß ich, dass sich alles auf dem Weg dorthin ergibt. Managementexperten behaupten, ein solcher Weg sei eine Gerade. Lassen Sie sich nicht verwirren, in nahezu allen Fällen führen auch Umwege zum Ziel.

Ein weiteres Beispiel aus einem Unternehmen: Sollen die neuen Maschinen angeschafft werden oder nicht? Sie kosten Geld, und eigentlich kann man nur vermuten, ob sie dem Unternehmen Gewinn einfahren. Vielleicht, denn niemand kann in die Zukunft schauen, kosten sie auch nur Geld und bringen am Ende gar nichts.

Von der Gegenwart aus gesehen ist ein solcher Einwand natürlich valide. Denn eines steht von Anfang an fest: Neues kostet Geld oder ist zumindest eine Investition. Man kann viel analysieren, und ein guter Unternehmensberater kann vielleicht auch mit Zahlen untermauern, warum sich eine neue Ausrüstung lohnen kann. Das nimmt zwar die Angst, aber die Entscheidung bleibt. Ein Sprichwort besagt es ganz richtig: Grau ist alle Theorie. Trotz aller fundierten Analysen weiß man nicht wirklich, was die Zukunft bringt und wie sich die Dinge entwickeln. Schon gar nicht heute, wo Veränderungen zum Teil eine rasante Geschwindigkeit an den Tag legen. Disruption ist hier ein wichtiges Stichwort.

Auch für die Deutsche Bahn war ich bereits in einigen Projekten tätig. Dieses Unternehmen ist bei vielen besonders für Unpünktlichkeit, Zugausfall und Streiks bekannt. Eine einseitige Wahrnehmung, denn es gibt durchaus auch Positives. Seit 2016 steht Dr. Michael Peterson im Vorstand der Deutschen Bahn AG für Marketing und Kommunikation. Statt sich in »Nichts machen, macht nichts«-Manier zurückzulehnen, geht er neue Wege.

Dr. Michael Peterson

»Mein Anspruch ist es, das Image der DB fundamental zu ändern.«

Dr. Michael Peterson

Seit 2014 arbeitet Dr. Michael Peterson in verschiedenen Funktionen bei der Deutschen Bahn. Der ehemalige Partner der Strategieberatung Booz & Company ist seit April 2016 Marketingvorstand der DB Fernverkehr AG. Dort verantwortet er ein breites Themenspektrum von der Erstellung der Fahrplankonzepte über die Produktentwicklung, die Preisgestaltung bis hin zur Kommunikation und Kundenbindung. Sein klarer Fokus: der Kunde. Sein Steckenpferd: die Digitalisierung. Michael Peterson ist einer der Initiatoren der Mobilität 4.0, der Digitalisierungsinitiative des Personenverkehrs, die das Reisen für Kunden einfacher und komfortabler gestaltet und den Fernverkehr fit macht für die Zukunft.

Dr. Michael Peterson studierte Wirtschaftsingenieurwesen an der Universität Karlsruhe (TH; heute KIT – Karlsruher Institut für Technologie) und promovierte im Fachgebiet Betriebswirtschaftslehre zum Dr. rer pol.

Nicht machen macht nichts?

Dieser Grundsatz mag für manchen gelten, für die Deutsche Bahn als Mobilitätsunternehmen ist Stillstand undenkbar. Schließlich bewegen wir Menschen, im wahrsten, aber auch im übertragenen Sinne. Die Deutsche Bahn ist ein hochkomplexes Unternehmen in einem dynamischen Marktumfeld und steht wie kaum ein anderes Unternehmen in Deutschland im Fokus der Öffentlichkeit und der Medien. Fast jeder hat eine persönliche Geschichte aus dem eigenen Erleben mit der Deutschen Bahn parat, und es sind wahrlich nicht immer positive Geschichten. Unzuverlässig, unfreundlich, unpünktlich – davon ist das Image der DB geprägt. Leider, aber nicht ganz zu Unrecht, wie ich offen eingestehe. Viele Dinge gilt es zu verbessern, das reicht von defekten Bordküchen über nicht ausreichende Fahrgastinformationen bis hin zu kaputten Fahrzeugen. Wir müssen und wollen besser werden, und zu einem verlässlichen Partner unserer Kunden werden. Deswegen: Nicht(s) machen geht nicht!

Wie kommt man nun ins aktive Handeln? In der Regel sind es externe Einflüsse oder disruptive Veränderungen, die ein Unternehmen zum Handeln zwingen. Für die Deutsche Bahn gilt das natürlich auch. Zwei große Themen haben die DB in den letzten Jahren dabei maßgeblich beeinflusst:

Erstens die Digitalisierung. Hier ist die Bahn sehr progressiv und gestaltet die Marktveränderungen von Anfang an mit. Zweitens erlebte die Bahn 2012 mit dem Eintritt der Fernbusse eine ganz neue Konkurrenz auf dem Markt. Bis dahin war die Bahn auf langen Strecken nahezu allein unterwegs. Das Gefüge war klar: Auto, Flugverkehr und Bahn, fertig. Doch dann kamen die Fernbusse und definierten den Markt insbesondere für preissensible Kunden neu. Der Preispunkt für eine Fahrt von A nach B wurde neu festgelegt. Es waren nicht mehr die Sparpreise der Bahn die »Preisuntergrenze«, sondern die Preise der Fernbusse. Die Bahn wurde als teuer empfunden. Die Folge: Die Bahn musste sich bewegen und etwas verändern, um unter den neuen Bedingungen standhalten zu können. Nichts machen hätte bedeutet, den Markt kampflos aufzugeben. Wir haben daher a) unsere Leistungen angepasst – die Einführung des WLANs ist hierfür ein Beispiel – und b) die Preise gesenkt und dabei insbesondere auch attraktive Angebote für junge Reisende eingeführt. Das ging natürlich nicht von heute auf morgen, dafür ist die DB ein viel zu großer Dampfer. Aber: Wir haben uns bewegt, wir haben nicht nichts gemacht, und das war gut so. Heute ist der Fernbusmarkt konsolidiert, die Unterscheidung der Produkte Fernbus und Bahn ganz klar. Alle beteiligten Seiten haben gewonnen, wir als Bahn verzeichnen seit Jahren steigende Fahrgastzahlen und neue Kunden nutzen heute Fernreiseangebote, die sie in der Vergangenheit nicht in Betracht gezogen hätten.

Aber nicht nur äußere Einflüsse führen zu Veränderungen. Viel Bewegung entsteht auch durch interne Neuerungen. Bevor ich ins Unternehmen kam, waren die Bereiche Produkt-PR und Marktkommunikation voneinander getrennt und wurden nicht als Einheit gedacht. Eine meiner ersten Amtshandlungen war es, diesen Zustand aufzuheben. Ich habe das Marketingressort komplett neu aufgestellt und beide Bereiche vereint – Kunde und Produkt gehören einfach zusammen! Was sich hier in zwei Sätzen zusammenfassen lässt, hat bei der Mannschaft zunächst für ein kleines Erdbeben gesorgt. Neue Strukturen, neue Verantwortungsbereiche, flachere Hierarchien – derartig gravierende Veränderungen sorgen bei vielen Mitarbeitern zunächst für Verunsicherung. Ich habe von Anfang an klar gemacht: Verantwortung gehört dahin, wo die Fachkompetenz ist. Das hat viel Verunsicherung genommen und die Mitarbeiter hochgradig motiviert: Sie verantworten ihre eigenen Projekte, arbeiten härter und mit viel mehr Freude als vorher – und die Ergebnisse können sich durchgängig sehen lassen!

Neben dieser gewaltigen internen Re-Organisation habe ich mich von Anfang an auf mein wesentliches Ziel konzentriert: der Verbesserung des Reiseerlebnisses für die Kunden. Dabei sind zwei Hebel entscheidend: die faktische Verbesserung des Produkts und die

Kommunikation nach innen und außen. Für eine gelungene Kommunikation sind zwei Dinge aus meiner Sicht essenziell:

Erstens: 360°-Kommunikation. Werbung und Information müssen aus einer Hand kommen. Die Kommunikation wird schnelllebiger, flüchtiger und die Informationsflut nimmt zu. Der Kunde unterscheidet nicht mehr, ob er Informationen über einen Influencer aufnimmt, ob er einen informativen Artikel in der Zeitung liest, ob er bei Instagram etwas sieht oder eine Werbebotschaft auf einem Plakat aufnimmt. Wir nutzen deswegen ALLE Kanäle für unsere Themen: Klassische Pressearbeit, PR und Social Media. Influencer sind dabei genauso wichtig wie Journalisten, ein Blog nicht uninteressanter als TV. Mein Team denkt daher alle Themen von Anfang an ganzheitlich. Ich will Ihnen ein Beispiel nennen: Das Thema WLAN im ICE. Wir haben das kostenfreie WLAN in der zweiten Klasse Anfang 2016 eingeführt. Zuvor gab es das Angebot nur in der ersten Klasse. Kostenfreies WLAN für alle war eine lang gestellte Forderung, sowohl von der Politik als auch, natürlich, von den Kunden, der erfolgreiche Einbau für uns also ein wesentlicher Meilenstein. Die Stabilität des Angebots ist allerdings momentan noch nicht immer und überall zufriedenstellend. Was die wenigsten Kunden wissen: Wir sind als Bahn zwar für den Einbau eines vernünftigen WLAN-Systems in den Zügen verantwortlich, aber wie gut das System läuft, ist abhängig von der Mobilfunkausleuchtung entlang der Strecke – wenn entlang der Bahnstrecke kein Verbindungsmast ist, kann auch keine Datenverbindung in den Zug hinein verlängert werden. Dem Kunden ist es natürlich egal, dass wir als Bahn die Performanceprobleme des WLANs nicht alleine lösen können. Aber durch die richtige Transparenz können wir die Druckpunkte auch dahin verlegen, wo sie hingehören: nämlich auf die Mobilfunkanbieter. Uns ist es wichtig, dass die Kunden wissen: Die Bahn ist nicht alleine verantwortlich für die Probleme, aber sie arbeitet mit an den Lösungen. Hier geht es um unser Image! Dafür nutzen wir sämtliche Medien und beziehen das Thema in die klassische und digitale Kommunikation mit ein.

Zweitens: Eine ehrliche und transparente Kommunikation mit unseren Kunden. Eine, in der wir Probleme und Ursachen klar benennen. Nur wenn die Kunden uns verstehen, können sie erkennen, dass wir sie und ihre Bedürfnisse ernst nehmen. Nehmen wir das Beispiel »Störungen im Betriebsablauf« – das ist ein Sammelbegriff, mit dem kein Kunde in einem verspäteten Zug etwas anfangen kann. Wenn ich aber sage: »Wir können nicht weiterfahren, weil spielende Kinder im vor uns liegenden Gleisabschnitt gesichtet wurden. Bitte haben Sie Verständnis, dass wir erst weiterfahren können, wenn wir sicher sind, dass sie weg sind«, dann verstehen uns die Kunden und nehmen die Verspätung mit deutlich weniger Unmut in Kauf. Aus diesem Grund habe ich mit meinem Team ein neues Ansagekonzept entwickelt, das unserem Bordpersonal deutlich mehr Freiraum für individuelle Texte gibt. Bislang folgten die Ansagen, die unser Bordpersonal in Zügen machen durften, strengen Vorgaben. Das war zwar auf den ersten Blick hilfreich für die Kollegen – bei Fall a sage ich Text b –, nutzte aber dem Kunden nichts.

Mir ist natürlich klar, dass wir unsere Qualitätsprobleme nicht mit positiver Kommunikation lösen. Aber Kommunikation ist das A und O für das Image eines Unternehmens. Mein Anspruch ist es, das Image der DB fundamental zu ändern. Daher gilt für mich und mein Team: Wir packen es an! Wir setzen Dinge in Bewegung und riskieren Veränderung. Für die Deutsche Bahn. Und noch viel mehr für ihre Kunden.

Eines ist gewiss, wie auch das Beispiel Deutsche Bahn zeigt: Ohne etwas auszuprobieren, weiß man eben auch nicht, was kommt.

Lernen aus Fehlern als Voraussetzung für Fortschritt

Ein Misserfolg kann also einen Erfolg in sich bergen, denn man weiß hinterher wenigstens, woran genau das Konzept gescheitert ist. Vielleicht hatte man nicht die richtigen Leute im Team. Vielleicht war die Schattierung des Grüns, das man für die Wohnzimmerwand gewählt hat, ein Quäntchen zu blaustichig für das Nordzimmer und wirkt deshalb zu kühl.

Sie haben nach einem solchen Misserfolg Erfahrungen gesammelt und können die Sache noch einmal angehen. Und diesmal richtig – Sie haben es in der Hand.

Wenn man nichts macht, weil man sich trotz aller möglichen Analysen vorgemacht hat, dass es nicht funktionieren wird, kann durchaus Folgendes passieren: Ein anderer macht's. Und der ist dann auch derjenige, der die Lorbeeren einheimst, wenn die neue Konzeption wider Erwarten doch gelingt. Wenn der Vorgesetzte dem Kollegen zustimmt, der den Mut hatte, die eigene Idee vorzuschlagen. **Du hattest Angst? Du warst zu bequem?** Wenn der Nachbar die Fassade als Erster streicht und das Ganze dann doch ganz toll aussieht. Du hattest Angst? Du warst zu bequem? Auf jeden Fall ärgerst du dich jetzt, und nichts ist passiert.

Zweifel waren noch nie gute Berater

Werden wir etwas philosophisch: Vielleicht erscheint meine Anmerkung an dieser Stelle überflüssig. Ist sie aber nicht – behalten Sie sie gut im Hinterkopf. Viele Menschen reden sich trotz der unbestreitbaren Vorteile, die ein »Tu es doch!« mit sich bringt, ein, sie seien ein zu kleines Licht, zu wenig wichtig oder zu inkompetent, wirklich etwas zu machen und etwas zu schaffen. Das hält sie davon ab, ihren Wunsch oder ihre Idee in die Tat umzusetzen. Wenn es nicht klappt, sind eben die Umstände schuld, aber nicht sie. Das ist natürlich bequem, aber bringt uns wieder zum Anfang des Kapitels zurück: Nichts machen macht eben ... genau: nichts.

Diesen unbefriedigenden Zustand, in dem man sich sagt: »Eigentlich schaffe ich ja nichts«, den verlässt man auf diese Art wohl kaum.

Viele Menschen sind mit dem unzufrieden, was sie haben. Sie sind mit sich unzufrieden. Denken wir noch einmal an meinen Opa, der abends in der Regel zufrieden nach Hause kam, weil er sehen konnte, was er geschafft hatte. Man sollte sich klarmachen, dass unsere Unzufriedenheit oft auch darin begründet liegt, dass man nichts geschafft und sich stattdessen auf Ausreden ausgeruht hat.

Viele Menschen theoretisieren zu sehr. Das sollten Sie nicht tun. Natürlich kann alles Mögliche schiefgehen und der Plan am Ende scheitern. Wenn Sie sich ein Ziel gesetzt haben, sollten Sie es sich nicht nehmen lassen, es ins Auge zu fassen und zumindest anzugehen.

Die Furcht vor einem »Nein«

Nach einem Vortrag vor 500 Führungskräften kommt ein Vertriebsleiter zu mir und sagt: »Wir müssten mal Vertriebsnachwuchs selber ausbilden. Sie müssten meinen Chef davon mal überzeugen. Aber ob das klappt, weiß ich nicht.« Statt sich vorzustellen, was alles passieren könnte, wenn man mich einlädt, hätte man ja auch einfach sagen können: »Ich spreche mit meinem Chef darüber und melde mich wieder. Ein erstes Telefonat bekommen wir hin; da müssen wir beide die Idee gut verkaufen. Lassen Sie es uns probieren.«

Lassen Sie es uns probieren.

Damit hätte ich zwar das Unternehmen noch nicht umstrukturiert, man wäre also auch in diesem Fall vom Ziel noch weit entfernt gewesen. Aber zumindest wäre man aus der Spekulation »Was wäre wenn ...? Man müsste eben einfach mal ... !« hinausgekommen und hätte etwas getan. Schlimmstenfalls hätte der Chef eben »Nein« gesagt. Nun ja, so etwas kann passieren.

Wie dem auch sei, lassen Sie es gar nicht erst so weit kommen. Nichts machen, macht eben doch etwas: Rückschritt, Unzufriedenheit oder beides in Kombination.

Fazit

Wenn Sie die Augen vor notwendigen Veränderungen verschließen und untätig bleiben, ändert sich nichts.

Das gilt für das private Leben genauso wie das Business. Stagnation bedeutet Stillstand. Daher ist es wichtig, in Bewegung zu bleiben. Denn nur wer sich bewegt, kann Veränderung erwarten. Natürlich fällt es schwer, sich von alten Gewohnheiten zu verabschieden und Neues zu wagen. Die Einsicht, etwas ändern zu wollen oder gar ändern zu müssen, ist ein wesentlicher Schritt.

Darauf baut die Reflexion auf, was geändert werden soll oder welche neuen Wege und Ziele man anstrebt. Viele machen das zwar schon, aber dann bleiben sie stehen. Es bleibt bei »Man müsste mal ...«.

Das ist genau der Punkt, an dem Mut zur Entscheidung gefordert ist, die Ziele auch konsequent zu verfolgen und entsprechende Schritte umzusetzen. Dabei sollten Sie sich durch eventuelle Misserfolge nicht abhalten lassen. Rückschläge bieten die Chance einer Kurskorrektur. Diese Bewegung bewirkt Veränderungen.

*»Gestalter oder Verwalter?
Gehörst du etwa zu der
›faulen‹ Sorte?«*

Dominic Multerer

2 MAN MÜSSTE MAL

WER NICHT WILL, FINDET GRÜNDE

Immer, wenn ich hinterfrage, warum jemand nicht tut, was er/sie für richtig hält, bin ich überrascht, welchen Einfallsreichtum Menschen beim Erfinden von Ausreden an den Tag legen. Im Prinzip kann man sie in zwei große Kategorien aufteilen: Es gibt die Verwalter und die Gestalter oder anders ausgedrückt: die Ängstlichen und die Macher.

Im Alltagsleben wird natürlich kaum deutlich, wem wir gegenüberstehen. Das ändert sich, wenn es an Herausforderungen geht, heikle Situationen auftauchen oder eine zwingende Entscheidung gefällt werden muss – insbesondere, wenn diese Entscheidung eine gewisse Verantwortung in sich trägt. Dann wird offensichtlich, mit welchem Typus man es zu tun hat. Mit einem Menschen der zögerlichen, ängstlichen Sorte habe ich mich intensiv unterhalten. Ich fragte ihn, warum er nicht klar sagen kann, was der nächste Schritt seiner Handlungen ist, oder warum er so viele Dinge so zögerlich anging, dass er sie dann letztendlich gar nicht fertigbrachte. Seine Antwort war für mich zunächst nicht nachvollziehbar, denn schließlich war diese Person kein Niemand, sondern Manager mit Budget- und Personalverantwortung. Er sagte, er sei in solchen Momenten unsicher, fühle sich als Versager oder Loser, er sei überfordert und wisse nicht, was richtig und was falsch wäre. Das hatte ich nicht erwartet. Er erklärte mir, der Druck, unter dem er steht, lähme ihn manchmal.

Natürlich könne er sich das nicht anmerken lassen. Daher bediene er sich »Techniken«, die eine Entscheidung herauszögern, bis es gar nicht anders geht oder sich die Entscheidung durch äußere Umstände von allein ergibt.

Für mich klingt ein solches Verhalten fast nach einer Kapitulation. Je länger ich mich mit ihm unterhielt und ein solches Vorgehen mit anderen verglich, desto bewusster wurde mir, dass die innere »Bremse« durch Stagnation, Routine und Sicherheitsbedürfnis geprägt ist. Ein solches Zögern wie bei diesem Mann ist ein Zusammenspiel dieser Komponenten. Zwar merken Menschen wie er natürlich, dass sie nicht vorankommen, dass nichts geschieht, weil ihr Alltag durch Routine gekennzeichnet ist, aber um etwas zu ändern, brauchen sie Sicherheit. Fehlt diese Sicherheit, bewegen sie sich in diesem Teufelskreis. Das kaschieren sie dann durch tolle Ideen, die mit »man müsste mal ...« beginnen. Der klassische Verwalter: Status quo erhalten – wenig Veränderung, wenig Risiko.

Status quo erhalten

Gestalter treiben Themen voran

Ganz anders agieren Macher oder Gestalter, zu denen ich mich zähle. Vor einiger Zeit fühlte ich selbst eine gewisse Leere. (Sie sehen also, das kenne ich auch!) Alle meine Projekte liefen, aber es war nichts Neues dabei. Meine Aufgaben füllten mich nicht mehr aus und, ja, sie langweilten mich. Ich brauchte eine neue Herausforderung. Ich wollte das Gefühl haben, es geht weiter!

Dabei wurde mir klar: Macher nehmen Neues anders wahr. Uns machen Veränderungen Spaß und keine Angst. Denn was soll schon passieren? Ein Nein? Ein Fehler? Na und? Dann reflektiere ich eben, warum es offenbar so nicht geht, und schon geht es weiter. Es ist die Neugier, wie sich etwas entwickelt, was man durch eine Entscheidung bewirkt, und wie eine Geschichte weitergeht, die Gestalter antreibt. Mit jedem Handeln und jeder Entscheidung ergeben sich neue Möglichkeiten und unter Umständen auch Dinge, die ich bei der Entscheidung noch nicht absehen konnte. Natürlich wird ein Gestalter auch an seine Grenzen geführt, aber es ist ein tolles Gefühl, wenn man diese durchbricht. Das macht Lust auf mehr. »Geht nicht« gibt es nicht. Also suchte ich mir etwas, was ich bisher noch nicht gemacht habe, eine andere Branche, Position oder ein anderes Projekt.

> »Geht nicht« gibt es nicht.

Zurück zur Praxis: Sie erinnern sich an den Vertriebsleiter, der mich nach einem meiner Vorträge ansprach?

Er wollte mich in sein Unternehmen einladen, um die Chefs wach zu rütteln. Es musste etwas geschehen in ihrer Firma, fand er – Stillstand im Vertriebsnachwuchs. Doch als es nicht an mir scheiterte, ich seine Überlegungen gut fand und sofort bereit war, einen Termin zu vereinbaren, fielen ihm tausend Gründe ein, warum das plötzlich keine gute Idee mehr sei. Zumindest erklärte er mir und eigentlich sich selber, dass das nicht sofort ginge. Die Chefs hätten vielleicht kein Interesse, glaubte er, oder würden es ihm negativ auslegen, die Kollegen könnten verärgert sein, dass er ihre Arbeit nicht wertschätze, und überhaupt müsse das ja vorbereitet werden ... und, und ... und. Ihm fehlte die nötige innere Sicherheit, etwas zu entscheiden und voranzutreiben.

Passiert ist, wie ich schon beschrieb, letztendlich nichts.

Wenn Sie sich aber zu der Erkenntnis durchgerungen haben: »Ich/wir/mein Unternehmen/meine Beziehung/was auch immer Sie hier gern einsetzen würden/muss sich ändern« – was hindert Sie daran, sie in die Tat umzusetzen und real werden zu lassen? Lassen Sie uns mal die Sache vor dem Hintergrund der zwei unterschiedlichen Wesenstypen näher betrachten, die ich eingangs beschrieb.

Raus aus der Komfortzone und der Routine

Ein Gestalter/Macher würde in einem solchen Fall handeln, klar. Bei einem zögerlichen Menschen dagegen könnte einerseits der Wunsch nach Veränderung noch nicht stark genug sein – die Wunde brennt noch nicht genug. Möglicherweise läuft es doch noch zu gut, als dass man eine Veränderung als notwendig empfinden würde. In diesem Fall ist der Druck noch nicht hoch genug, sodass Handeln noch nicht an die Spitze der Prioritätenliste gerückt ist. Man befindet sich in der Komfortzone. So lange die Umsätze stimmen, ist alles gut. Warum sollte man sich »unnötige« Arbeit durch den Aufbau eines eigenen Vertriebsnachwuchses machen? Die Antwort ist klar: Durch eine Ausbildungsinitiative beugt man Fachkräftemangel vor, sichert den Personalstamm und letztlich auch seine Umsätze durch qualifizierte Mitarbeiter. Diese erlernen bereits in der Ausbildung die Unternehmensziele – quasi Schritt für Schritt.

Der zweite Grund kann sein, dass die Erkenntnis noch nicht präzise, noch nicht genau genug ist. Manche wissen zwar, dass eine Änderung der Verhältnisse wichtig ist, aber wissen noch nicht so recht, was genau zu tun wäre. Sie machen vielleicht sogar schon etwas in die Richtung ihrer Vorstellungen, aber das wirkt reichlich planlos, und so versandet eine notwendige Veränderung in der Mühle der alltäglichen Kleinigkeiten und der Routine. So wissen solche Entscheider oft trotz ihrer Vorstellungen nicht, wie sie in (sinnvolles) Handeln kommen sollen. Es bleibt beim Herumdoktern am System – die Ursache selbst wird dabei nicht angegangen und bleibt auf der Strecke. Eine solche Situation erwähnte ich bereits eingangs im Falle des Medienunternehmens.

Klare Standpunkte erleichtern Entscheidungen

Packen wir den zweiten Punkt zuerst an, denn im Grunde ist das etwas, das ich schon ausführlich mit vielen Experten erörterte. Es ist immens wichtig, sich überhaupt erst einmal einen klaren, eindeutigen Standpunkt zuzulegen. Das erfordert natürlich zunächst mal, einen Schritt zurückzutreten. Denn so bekommen Sie eine Übersicht, aufgrund derer Sie genauer entscheiden können, welche Veränderung Sie überhaupt wollen – und damit erst mal einen Standpunkt, der Ihnen die Entscheidungsfindung erleichtert.

Um darüber zu sprechen, sich Hilfe für die Durchführung der eigenen Vorstellungen zu holen und tatsächlich etwas zu bewegen, muss man eben auch ein klares Ziel vor Augen haben – oder doch zumindest eine Vorstellung davon, was am derzeitigen Prozedere eigentlich so falsch ist. Ohne einen klaren Standpunkt ist jede Kommunikation nur heiße Luft und bewirkt ... nichts.

Aber ... nichts machen macht ja auch nichts, oder?

Unklarheit begünstigt »man müsste mal ...«

Präzision ist also wichtig. Ziele oder Ansagen, die unklar und schwammig formuliert werden (vielleicht, weil noch gar nicht klar ist, was eigentlich anders werden soll), sind ideale Voraussetzungen für Ausreden, um erst gar nicht ins Handeln zu kommen. Gestalter sehen darin eben eine Chance, kein Risiko. Der Absender/ Verwalter dokumentiert damit nicht nur indirekt, selber unschlüssig zu sein, er delegiert die Verantwortung für eine Entscheidung weiter, vielleicht sogar ohne sich dessen bewusst zu sein. Meistens ist der, auf den die Entscheidung abgewälzt wurde, aber gar nicht befugt oder kompetent, zu entscheiden. Er hat damit bereits mit der unfreiwillig aufgeladenen Verantwortung auch gleich einen Grund mitbekommen, nicht zu handeln.

Vor einiger Zeit bat mich der Geschäftsführer einer kleinen mittelständischen Geschenkartikel-Firma, ob ich ihn als »Sparringspartner« begleiten kann. Der Betrieb mit seinen knapp 20 Mitarbeitern stand schon seit Jahren unter Druck. Als die Firma sich in den 1980er-Jahren auf kleine Geschenkartikel spezialisierte, gab es in dem Segment eine überschaubare Zahl an Wettbewerbern. Doch mit der Zeit entdeckten auch andere Branchen wie Floristen, Lebensmittel- und Süßwarengeschäfte oder das Kleinkunstgewerbe, dass mit zum Geschenk aufbereiteten Artikeln Geld zu verdienen ist. Der wachsende Wettbewerb führte dazu, dass Drogerieketten oder Kaufhäuser, die diese Zusatzartikel in ihrem Sortiment hatten, die Verhandlungen um Preise und Kontingente verschärften. Außerdem verlangte der Markt immer schneller nach Neuigkeiten. Was sich heute gut verkaufte, wurde morgen schon zum Ladenhüter.

Der falsch verstandene Konjunktiv

Der Geschäftsführer bekam von einem Bekannten den Tipp, eine Klartexttour zu machen, und setzte sich mit mir in Verbindung. Im Rahmen dieses Pakets besuchte ich für einen Tag das Unternehmen. Schnell stellte ich fest, dass die Probleme der Firma nicht nur durch die Veränderungen am Markt hervorgerufen wurden, sondern im Wesentlichen im Führungsstil des Geschäftsführers lagen. Der Mann hatte die Eigenart, alles im Konjunktiv zu formulieren. Er konnte seine Vorstellungen nicht präzise an den Mann bringen. So sagte er beispielsweise zu seiner Produktentwicklerin: »Wir müssten mal über die Aufmachung unserer Kataloge nachdenken.«

Die verstand das natürlich als Hinweis darauf, dass der Chef andachte, eine Art Konferenz einzuberufen, bei der darüber gesprochen würde. Immerhin war sie ja nicht allein für den Katalog verantwortlich; eine Agentur hätte beauftragt werden müssen, Grafiker, Layouter, Texter. Ich bezweifle, dass sie das alles allein hätte in Auftrag geben dürfen. Aufgrund des Konjunktivs ergriff sie auch nicht die Initiative, das alles überhaupt erst anzustoßen.

Also blieb dann eine gewisse Zeit alles beim Alten, bis dem Chef der Kragen platzte, weil nichts geschah. Er nahm sich dann selber in einer Hauruckaktion der Sache an und beschwerte sich, dass er immer alles allein machen müsse, weil ohne ihn niemand die Initiative ergreife.

Unausgesprochenes bietet Platz für Interpretationen

In einer anderen Situation ließ er seinem Lagermitarbeiter gegenüber fallen: »Herr Schulz, könnten Sie bei Gelegenheit das Lager anders arrangieren?«

Auch hier ließ die Umsetzung auf sich warten. Herr Schulz, der Vorarbeiter im Lager, hatte ja auch so genug zu tun. Also wartete er selbst auf eine »Gelegenheit«, bei der er mal aufräumen könnte – eine Gelegenheit, die sich natürlich nie ergab. Die Zeit überholte das Unterfangen.

Letztendlich war es der Konjunktiv des Chefs, der die Mitarbeiter dazu verleitete, die Anweisungen als Möglichkeit zu betrachten, die man »in Zukunft« mal erledigen könnte, nicht aber als konkrete Aufforderung zur Umsetzung. Des Weiteren machte der Geschäftsführer keine genauen Angaben dazu, wie er sich eine Lösung vorstellte – wahrscheinlich, weil er es selber nicht wusste. Auch ein

Chef weiß und kann nicht immer alles. Nicht zuletzt deshalb hat er Mitarbeiter. Seine Aufgabe ist es jedoch, das Ziel klar zu formulieren.

Er verschob einfach die Verantwortung auf die seiner Ansicht nach »zuständigen« Mitarbeiter (was ja sicher für diese kein Problem gewesen wäre) – aber er tat das, ohne ihnen das auch konkret zu sagen, ohne ein Briefing und Deadlines zu formulieren.

Wer nicht will, findet Gründe – wenn von den beauftragten Mitarbeitern nichts kommt, kann man eben auch nichts machen! Oder man macht es gleich selbst. Die Angestellten ihrerseits sahen zum einen in den unpräzisen Angaben ihres Chefs einen Grund, nichts zu machen (»Was soll ich tun, ich weiß ja nicht, was genau?«). Außerdem sagten sie sich nicht ganz zu Unrecht: »Warum soll ich etwas machen? Erstens wird's der Chef irgendwann schon selber erledigen, zweitens hat er ohnehin sehr eigene Vorstellungen, die ich wohl nicht genau treffen werde. Dann soll er es wirklich lieber selbst machen.« Verantwortung zu delegieren, ist doch schön.

> Warum soll ich etwas machen?

Leben Sie Klartextkultur!

In dieser Firma war es also leicht, Gründe zu finden, warum etwas nicht getan werden konnte oder warum etwas nicht funktionierte. Viele Prozesse und Abläufe stagnierten und man war in Gewohnheiten gefangen. In der Firma gab es keine Klartextkultur. Klares Ansprechen von Problemen wurde vermieden, Standpunkte wurden nicht deutlich genug vertreten und Zielsetzungen wurden viel zu missverständlich formuliert. Wären die Produkte der Firma nicht in einer Topqualität gewesen, das Unternehmen wäre schon längst durch das eigene Chaos untergegangen.

Als ich mit dem Geschäftsführer Klartext redete, das an Beispielen verdeutlichte, die mir während des Besuchs in dem Betrieb aufgefallen waren, wie es zu diesem Zeitpunkt lief und wie es zukünftig laufen müsste – ich bot mehrere konkrete Lösungen an –, hätte er mich fast aus seinem Büro geworfen.

Mit dieser Deutlichkeit, die notwendig für die Sensibilisierung von Themen ist, konnte er im ersten Augenblick nicht umgehen.

Dann aber begriff er, dass es nur laufen kann, wenn man »Butter bei die Fische gibt« – also Aufgaben und Ziele eindeutig vorgibt: »Herr Schulz, die Lagerorganisation muss geändert werden. So arbeiten wir nicht effektiv. Besprechen Sie mit der Produktion, wie das Lager neu organisiert werden kann. Bis zum Ende der Woche kommen Sie bitte mit dem Ergebnis zu mir.«

An dieser Formulierung kann sich der Lagerarbeiter Schulz orientieren. So weiß er genau, wann, wo und wie er was zu tun hat, um das Ziel – ein neu und übersichtlicher als vorher organisiertes Lager – zu erreichen. Der Chef weiß nicht, wie es geht, aber er initiiert das Handeln. Ein lapidares »Sie könnten bei Gelegenheit das Lager anders arrangieren!« ist formulierungstechnisch gesehen nichts anderes als ein Vorschlag, noch dazu einer, der das Ziel zwangsläufig im Sande verlaufen lässt.

Natürlich ist es auch bei klarer Kommunikation für das Gegenüber noch immer möglich, Gründe zu finden, irgendetwas nicht zu tun. Aufgrund der klaren Ansage kann der Chef aber darauf bestehen. Mit der Einsicht, Umstände, Anweisungen und Ziel klar zu formulieren – und das, ohne Ausreden zu finden –, war es schließlich auch möglich, die Marktstrategie des Unternehmens neu auszurichten.

Einen Standpunkt zu entwickeln, bedeutet auch, sich zu positionieren. Nur wer klar kommuniziert, was nötig ist, und sich bereits Gedanken über die Umsetzung gemacht hat, kann wirklich etwas erreichen. Dinge müssen angeschoben werden. Vielleicht wirklich nicht immer von einem selbst, aber man sollte schon eine genaue Vorstellung von dem haben, was man erreichen will, damit die Idee, das neue Konzept, die Veränderung von denen durchgeführt werden kann, die tatsächlich zuständig sind.

Versteckspiel durch Kompetenzen und Zuständigkeiten

Eine Branche, in der ich so ein Hin- und Herschieben von Kompetenzen immer wieder beobachten kann, sind Verwaltungen von Gemeinden und Kommunen. Mit »MULTERER PUBLIC« (*www.multerer-public.de*), die sich auf den öffentlichen Sektor spezialisiert hat, ist die Dominic Multerer GmbH seit mehr als fünf Jahren in diesem Segment tätig – und das Team hat ein sehr gutes Gefühl für den Markt entwickelt. Zum Beispiel hat der Abteilungsleiter des Friedhofsamts vor, eine neue Software zu implementieren. Irgendwo verständlich, dass er nicht einfach die Software implementiert, immerhin hat das auch Auswirkungen auf Bauhöfe, auf die Art und Weise, wie die Stadt selbst mit den Bestattungsinstituten kommuniziert und so weiter. Zudem ist das ja auch oft ein Kostenproblem, über das er je nach Größenordnung gar nicht allein entscheiden darf.

Obwohl er selbst sehr wohl weiß, dass mit der neuen Software alles viel einfacher würde, schiebt er also das Problem – oder besser ausgedrückt die Entscheidung, ob Software oder nicht – auf seinen Vorgesetzten, den Amtsleiter für Planung und Stadtgrün. Der fühlt sich gar nicht zuständig – denn der Fachbereichsleiter für Bauhöfe ist es! Der Fachbereich wiederum ist sicher: Für die Digitalisierung von Ämtern ist das hier ganz sicher nicht die richtige Stelle. Also geht das Ganze zum Stadtdirektor, der die Digitalisierung der Verwaltung befürwortet. Dieser wiederum möchte sich aber seinerseits gar nicht um solchen »Kleinkram« kümmern – und schon fühlt man sich an Asterix und an »das Haus, das Verrückte macht« aus dem Film »Asterix erobert Rom« erinnert.

> Der fühlt sich gar nicht zuständig.

Dennoch ist dieses Vorgehen, das Verschieben von Verantwortung, einer der wahren Gründe, um nicht ins Handeln zu kommen und nur ja nichts tun zu müssen. Doch dieses Verschieben bringt absolut nichts. Davon wird nichts getan, nichts ändert sich. Niemand will Verantwortung übernehmen – oft auch, weil eben keiner schuld sein will, wenn die Idee scheitert. Diese Angst ist zwar durchaus verständlich, aber eigentlich unbegründet.

Ein Unternehmen, dessen Entwicklungsabteilung ein neues Produkt plante, wollte dieses natürlich in den Markt einführen. Meine Aufgabe war, das Unternehmen dabei zu unterstützen. In diesem Sinne war ich natürlich in die Marketingkampagne eingebunden und erwartete jetzt, dass die Firma, die übrigens eine eigene Abteilung für solche Kampagnen und die Öffentlichkeitsarbeit hatte, in die Vollen ging. Ich bereitete mich also auf eine unkonventionelle Markteinführung vor, die – wie das Produkt – etwas völlig Neues propagieren sollte.

Und die Marketingchefin? Sie blieb untätig. Ihr war klar, dass etwas geschehen musste, und sie hatte schon fleißig die wichtigsten Punkte eines Marketingplans notiert. Auch hatte sie schon Ideen zusammengetragen. Klar: Wenn das Produkt bekannt werden, die geschäftlichen Erwartungen erfüllen sowie die Entwicklungskosten wieder hereinholen sollte, musste eine intensive Planung für das Produkt her, die nicht nur in Spots fürs Fernsehen, Radiowerbung und Anzeigen in großen Printmedien bestand, sondern mehr umfasste. »Man muss sich mal hinsetzen« und querdenken.

> Man muss sich mal hinsetzen.

Das ist ja durchaus einleuchtend. Immerhin soll die Produktkommunikation nicht nur das neue Produkt bewerben. Ein Teil der Botschaft strahlt immer auf das Unternehmen selbst ab.

Professionelles Argumentieren verschleiert oft Untätigkeit

Dass die Marktingchefin nichts unternehmen wollte, ohne es mit den restlichen Abteilungen oder der Geschäftsführung abzustimmen, ist einerseits also durchaus verständlich. Aber dass sie abwartete, bis sich ganz von selbst etwas tat, ist nicht nachzuvollziehen. Selbst auf meine Frage: »Was hast du konkret geplant? Du bist doch diejenige, die am Entscheidungshebel sitzt. Du bist die Chefin hier, also ist es auch deine Entscheidung!«, tat sie nichts, sondern fand Ausreden: Dass das alles eine Budgetfrage sei, eine Frage der Corporate Identity – für deren Einhaltung sie zwar zuständig war, nicht aber für deren Entwicklung – und überhaupt könne sie das ja alles gar nicht allein umsetzen. Ich konterte: »Willst du gestalten oder verwalten? Wenn du gestalten willst, dann musst du dich auch um die Budgetfrage kümmern.«

Die Kampagne wurde also nur äußerst schleppend entschieden und schließlich auch umgesetzt. Zusammengefasst: Es passierte kaum etwas, wo entschlossenes Handeln und neue Wege vonnöten gewesen wären, auch wenn das im Unternehmen niemand außergewöhnlich zu finden schien.

Trotzdem wunderten sich am Ende alle Beteiligten, dass das Produkt sich nicht so gut verkaufte, wie man es hätte erwarten können. Es gab keine Verantwortlichkeiten und Chancen wurden nicht ergriffen.

Angst vor Konfrontation

Um nicht immer nur Beispiele aus dem Geschäftlichen und wirtschaftlichen Bereich zu nennen, hier eines aus meinem direkten Freundeskreis. Eine Bekannte ist Studentin und wohnt in einem Studentenwohnheim. Eigentlich findet sie es dort ganz nett, doch letzthin musste ich mir bei einem gemeinsamen Kneipenabend ein Gejammer anhören, das ich nicht ganz nachvollziehen konnte. Die Freundin wohnte, sehr zu ihrem Leidwesen, genau gegenüber von einem Kommilitonen, der ... nun ja, wohl nicht ihren Lebensstil teilte. Das heißt, er kam spät abends nach Hause und war dabei nicht gerade leise (das Türenklappen oder besser Türenzuwerfen störte sie besonders), er räumte sein Zimmer nicht auf und entsorgte auch seinen Müll nicht. Nicht gerade ein soziales Verhalten, zugegeben. Allerdings wunderte mich auch nicht, dass sich der Kerl wohl nicht an den Beschwerden der Bekannten störte. Stattdessen beschimpfte er sie wohl, seither habe sie, sagte sie, nicht mehr mit ihm gesprochen. Man ignoriere sich und gehe einander aus dem Weg.

Es wäre für die Freundin leicht gewesen, an der Situation etwas zu ändern: Man kann andere Mitbewohner, beispielsweise diejenigen, die rechts und links von ihm wohnen und wohl daher ähnlich von dem Verhalten des Kommilitonen gestört sind, aktivieren und mal zusammen abends bei einem Bier in der Gemeinschaftsküche darüber reden. Man kann mit den Leidensgenossen gemeinsam bei der Verwaltung vorsprechen und darum bitten, dass von oben Druck ausgeübt wird. Man kann Buch führen, und im schlimmsten Fall kann man ausziehen – vielleicht nur auf ein anderes Stockwerk, vielleicht sogar in eine WG, wo man sich seine Mitbewohner eher aussuchen kann als in einem Wohnheim.

Die Bekannte tat nichts dergleichen. Ihre Begründung: Warum soll ich etwas tun? Ich bin nicht unordentlich, er ist es. Ich mache den Fehler ja nicht – sie suchte auch keine Lösung.

Es gibt also viele Möglichkeiten. Hier wurde ein Problem durchaus erkannt und tausend Gründe angeführt, um selbst nicht in Aktion treten zu müssen. Sie sehen also: Das Problem ist nicht immer eine Hierarchie, in die man notwendigerweise im Berufsleben eingebunden ist. Hinderungsgründe können durchaus in einem selbst liegen. Und daher kann man sie oft auch nur selbst lösen – ein anderer hilft in der Regel nicht dabei.

Sind Sie schon bereit, keine Ausreden mehr finden zu wollen? Wollen Sie jetzt gestalten? Dann können Sie ab hier ins Kapitel 3 wechseln: Dort geht es ans Eingemachte: »Wie komme ich ins Handeln«.

Sie sind sich noch nicht sicher? Also eine Runde »nachsitzen«: Weitere plakative Beispiele geben Aufschluss.

Ein weiterer Aspekt beim Thema »Man müsste mal ...« ist fehlender Mut. Man könnte auch sagen: Angst. Gerade in der Geschäftswelt geben nur ganz wenige zu, dass ihnen der Mut zu etwas fehlt. Es klingt auch besser, wenn man gegenüber seinen Mitarbeitern, den Kollegen oder Geschäftspartnern vorgeben kann, man selbst habe den Hut auf: »Wir müssten eigentlich unser komplettes Marketing neu ausrichten, eine größere Halle bauen, eine neue Produktionsmaschine anschaffen. Eigentlich müsste ich mich beruflich verändern.«

Wir müssten

Ausreden als »Rettungsring«

Auf die Frage »Warum eigentlich?« folgen gleich die Gründe dagegen: Wie ungünstig der Zeitpunkt ist. Wie sehr sich die Gemeinde bei Bauverfahren anstellt. Und außerdem bietet der Arbeitsmarkt derzeit alles andere als gute Bedingungen. Damit ist alles gesagt. Solche Gründe klingen für jeden plausibel.

Meist ist aber der Hauptgrund für diese Ausreden, dass man möglichen Peinlichkeiten so aus dem Weg geht. Man stelle sich vor, ein Geschäftsinhaber würde sagen: »Eigentlich müssten wir eine neue Halle bauen, weil der Lagerplatz an unsere Grenzen stößt. Mir fehlt jedoch der Mut zur Umsetzung, da ich nicht weiß, ob das Geschäft sich weiter so gut entwickelt.«

Der Mann wäre bei seinen Geschäftspartnern und vor seinen Mitarbeitern unten durch.

Nimm dein Leben selbst in die Hand – gestalte es

Mit einer einleuchtenden Ausrede dagegen bleibt man im Gespräch, gilt womöglich als weitsichtig und bekommt noch gute Ratschläge – wie es anderen bei der baulichen Erweiterung ihres Unternehmens erging, mit welchen behördlichen Schwierigkeiten man rechnen muss oder dass man es mit Förderungen versuchen sollte. Außerdem hat »man müsste mal ...« mit der entsprechenden Argumentation, warum etwas nicht geht, einen entscheidenden Vorteil: Man liefert sich selber eine Rechtfertigung gleich mit. Man will schon, aber es gibt eben Gründe, die das verhindern. Sicherlich braucht ein Gestalter ebenso solche Informationen, aber er entscheidet am Ende des Tages, ob ein Projekt umgesetzt wird oder nicht. Der Verwalter bleibt stehen.

Im Privatleben ist es nichts anders: Man müsste mal eine Kreuzfahrt machen, den Abendkurs Italienisch belegen oder mehr Sport treiben. Alles fromme Wünsche – dabei bleibt es dann meistens. Ausreden gibt es viele. Zwar ist es im Privaten schon eher möglich zu sagen: »Ich kann die Kletterwand im Freizeitpark nicht hochsteigen, weil ich Höhenangst habe«, aber mangelnden Mut mehrfach zu äußern, lässt einen auch hier schlecht aussehen: vor dem Partner, dem Freund, in der Clique. Hier ist ebenso das Problem, dass die Menschen nicht wissen, wie sie ins Handeln kommen, z. B. eine Kreuzfahrt durchziehen, sollen.

Manchmal ist die Zeit einfach reif zum Handeln

Manchmal erlebe ich allerdings schon Überraschungen. Ein langjähriger Geschäftspartner sagte vor Jahren, er habe von Deutschland die Nase voll und wolle auswandern. Ich fragte ihn, wohin es denn gehen sollte. »Wenn ich auswandere, dann ziehe ich nach Österreich«, war seine Antwort. Der selbstständige Unternehmensberater zählte eine Reihe von Gründen auf, warum er nicht in Deutschland bleiben und lieber ins Nachbarland gehen wolle. Ich hatte meine Zweifel, dass er sein Vorhaben umsetzt – schließlich hatte er einen kleinen, aber soliden Kundenkreis. Darüber hinaus war da noch seine Familie. Außerdem hatte ich nicht den Eindruck, dass er tough genug war. Wieder so ein »Man-müsste-mal-Schwätzer«, dachte ich mir.

»Man-müsste-mal-Schwätzer«

Von Zeit zu Zeit fragte ich nach, was seine Umzugspläne so machen. Es kamen die unterschiedlichsten Antworten: Geht nicht, weil gerade Projekte laufen. Bin gerade eine neue Verpflichtung eingegangen. Oder auch: Das Schuljahr der Kinder läuft noch. Überhaupt ist »Familie« ein oft genannter Grund, warum etwas nicht geht. Achten Sie mal darauf!

Ich dachte mir oft: »Wenn du das wirklich willst, dann mach es doch und laber nicht immer 'rum. Du hast doch Angst, gib es doch zu!« Ehrlich gestanden hatte ich nicht damit gerechnet, dass er seine Koffer tatsächlich irgendwann packt. Dann eines Tages, während eines Telefonats, sagte er mir, dass er sich endlich entschlossen habe, in die Alpenrepublik umzusiedeln. Erst dachte ich, der nimmt mich auf den Arm, doch dann wurde er konkreter. Er erzählte mir, dass er und seine Frau die Wohnung gekündigt, in Österreich etwas Neues gefunden, die Kinder in Deutschland von der Schule abgemeldet und am neuen Wohnort angemeldet hätten. Sein ganzer Umzug war durch und durch geplant.

Spätestens als der Umzugswagen auf dem Hof stand, gab es kein Zurück. Da habe ich es dann endlich auch geglaubt.

Einfach machen stärkt das Selbstbewusstsein

Sein Gewerbe hatte er zum Umzugstermin in Deutschland ebenfalls abgemeldet und gleichzeitig in Österreich neu beantragt. Für gute 14 Tage ruhte sein Büro. Mit dem Erhalt der gewerblichen Zulassung nahm sein Beratungsbüro die Arbeit wieder auf. Seine Kunden und laufende Projekte betreute er jetzt von Österreich aus. Ihm war aber bewusst, dass sich der Kundenstamm verändern würde, er nicht alle Kunden halten könnte und deshalb neue Geschäftskontakte hermussten.

Was mir schon zu dieser Zeit auffiel, war der Umstand, dass ich von ihm kaum noch die Floskel »Ich müsste mal ...« hörte. Er ging die Dinge, die er sich vornahm, tatkräftig an und zögerte nicht. Natürlich funktionierte nicht alles reibungslos, etliches schlug auch fehl. Schließlich hatte »die Welt« nicht auf ihn gewartet. Und trotz der gleichen Sprache ist Österreich ein anderes Land mit eigenen Regeln und Gesetzen. Mittlerweile hat er sich aber gefestigt und ist etabliert. Vor einiger Zeit fragte ich ihn rückblickend, ob er keine Zweifel gehabt habe. »In dem Moment, als der Entschluss gefallen ist, nicht«, antwortete er. »Auch während der Planungs- und Vorbereitungsphase gab es das nicht. Das Ziel stand klar vor Augen. Erst als der Umzugs-LKW vom Hof fuhr, wurde mir mulmig. Aber da musste ich dann darauf vertrauen, dass alles gut wird.«

Gewohnheiten und Routine sind kontraproduktiv

Es kann aber auch anders laufen, wie ein anderes Beispiel zeigt. Es ist die Geschichte einer Werbeagentur, spezialisiert im Bereich Tourismus und damit gewachsen. Der Hauptumsatz wurde mit drei großen Kunden gemacht. Jahrelang lief das Geschäft gut, bis der größte dieser Stammkunden seinen Vertrag aufkündigte. Zwar konnten die kleineren Aufträge diesen Verlust noch auffangen, aber wenn nun noch ein weiterer Großkunde wegbräche, käme es zu Problemen. In den Meetings wurde regelmäßig besprochen, was man machen sollte. Der Agenturchef gab die Parole aus, man müsse die Neukundengewinnung verstärken: »Man müsste mal die Akquise vorantreiben«, wurde sein Mantra.

> Man müsste mal die Akquise vorantreiben.

Gar nicht mal so blöd, könnte man jetzt sagen. Nur: Neue Kunden fallen nun mal nicht vom Baum. Neben Zeit erfordert so eine Neukundenakquise kontinuierliche Arbeit. Und bei einer Agentur mittlerer Größe wäre das Abklappern von potenziellen Neukunden auch Thema des Agenturinhabers. Der sah sich aber nicht in der Verantwortung und überließ dieses wichtige Aufgabenfeld seinen Mitarbeitern.

Das kann man machen und das hat auch durchaus Vorteile. Nur dann müssen klare Vorgaben und Ziele gesetzt und schließlich überprüft werden. Das wurde hier versäumt. Nicht, dass gar nichts getan wurde, aber sämtliche Maßnahmen liefen unkoordiniert, unregelmäßig und damit halbherzig. Die Akquise lief unter dem Motto »Wenn jemand einen potenziellen Kunden kennt, kann er dem die Agentur gern empfehlen.« Das klingt weit hergeholt, war aber so und ist bei vielen auch in anderen Branchen gängige Praxis. Der Erfolg, gerade einen neuen, großen, starken Kunden unter Vertrag zu bekommen, blieb aus. Statt sich selber in den Prozess zur Neukundengewinnung einzubringen, ging der Agenturchef lieber zweimal pro Woche segeln. Als in einer Besprechung wieder einmal das Thema »Man müsste mal die Akquise vorantreiben« auf der Tagesordnung stand, fragte einer seiner Mitarbeiter, warum der Chef nicht beim Segeln seine Kontakte nutzen könnte.

Die Antwort war, er wolle sein Hobby nicht mit Arbeit vermischen.

Fehlende kritische Selbstreflexion verhindert Veränderungen

Es kam, wie es kommen musste. Schließlich erlitt die Agentur einen weiteren herben Schlag – der zweite Großkunde sprang ab. Die Folge war, dass die Agentur sich räumlich verkleinern und die Mitarbeiterzahl verringern musste. Kurze Zeit später verlor sie auch noch ihren letzten wichtigen Kunden. Die Agentur stand vor dem Aus.

Wie hatte es so weit kommen können? Die Auftragslage hatte klar vorgegeben, was zu tun war, auch ein in Unternehmensführung und wirtschaftlichen Belangen nicht sehr versierter Mensch hätte klar erkennen können, was zu tun war.

Der Agenturinhaber hatte sich wenig um die Kundenpflege gekümmert und das allein seinem Kundenkontakter überlassen, und das, obwohl er quasi das Gesicht der Agentur war. Der Kundenkontakter hatte viele Verbindungen und konnte gut mit Kunden umgehen. Er hatte auch die Zeichen der Zeit erkannt, wie man so schön sagt, und sich bereits nach dem Absprung des ersten Großkunden von einem anderen Unternehmen abwerben lassen.

Dem Agenturinhaber selbst lag es nicht, neue Kunden anzusprechen, dazu war er zu unsicher. Er war ein guter Organisator, aber nicht sehr extrovertiert. So lange sein Kundenkontakter sich um die Außenwirkung der Agentur kümmerte, war das niemandem aufgefallen.

Nachdem der Kontakter gegangen war, konnte der Agenturinhaber aber nicht zugeben, dass ihm die Akquise nicht liegt und dass er große Schwierigkeiten damit hatte, potenzielle Kunden anzusprechen. Das wäre noch kein größeres Problem gewesen, hätte er entweder jemanden Neues für diese Aufgabe eingestellt oder einigen seiner Mitarbeiter klarere Anweisungen zur Kundengewinnung gegeben.

Der Haken an dieser Vorgehensweise: Er hätte seine Schwäche in einem solchen Fall zugeben bzw. sie offen ansprechen müssen. Stattdessen kaschierte er seinen mangelnden Mut hinter dem mantraartigen »Wir müssten mal ...«. Wurde er auf die Entwicklung seines Kundenstammes angesprochen – eine Tatsache, die anderen Geschäftsleuten natürlich nicht verborgen blieb –, behauptete er, es läge am Markt, ein anderes Mal daran, dass er unfähige Mitarbeiter habe, oder er dachte sich andere Gründe aus. Am Ende hat er sich selber geschadet. Übrigens: Die Agentur gibt es noch heute. Von knapp 40 Mitarbeitern zu besten Zeiten ist sie auf fünf inklusive Chef zusammengeschrumpft.

Die Wunde klaffte bereits.

Jetzt muss der Agenturinhaber aktiv Akquise betreiben. So kann es also auch gehen – manchmal sind es die Umstände, die einen zwingen, das Notwendige endlich zu erledigen. Die Wunde klaffte bereits. Wenn es ums Überleben geht, sagt keiner mehr, »Man müsste mal ...«

Fazit: Wer nichts tut, findet Gründe

Oft gibt es Situationen, in denen man nicht sofort die Initiative ergreift. Aber: In den meisten Fällen sind Gründe einfach vorgeschoben, warum man nicht handelt. Es ist durchaus legitim, sich zu überlegen, wie man eine Veränderung angeht und wie man sie am besten umsetzt. Natürlich braucht man einen handfesten und gut begründeten Standpunkt, von dem aus man agiert. Von dieser gefestigten Position aus ist es auch leichter, andere Leute von der Richtigkeit eines Ziels, eines Vorhaben und damit einer Veränderung zu überzeugen.

Jedoch darf das nicht dazu führen, Verantwortung einfach abzuschieben. Oft liefern Argumente aber genau das: einen Grund, etwas nicht selbst tun zu müssen.

Übernehmen Sie Verantwortung. Definieren Sie klar Ihr Ziel. Seien Sie präzise in dessen Darstellung, im Formulieren von Aufgaben und von Zuständigkeiten, die zur Umsetzung notwendig sind. Fangen Sie mit kleinen Schritten an, das in Angriff zu nehmen, was Sie selbst ändern können, und sei es nur, Hindernisse für die aus dem Weg zu räumen, die dann die Entscheidungen wirklich treffen können. Seien Sie vor allem ehrlich sich selbst gegenüber. Wenn jemand anders besser qualifiziert ist als Sie, um die Vorgaben umzusetzen, dann binden Sie ihn stärker ein. Dennoch: Als Entscheider bleibt die letzte Konsequenz bei Ihnen. Aber geben Sie nicht aus falsch verstandenen Überlegungen vorzeitig alles aus der Hand.

Übernehmen Sie Verantwortung.

Finden Sie also Gründe, um Dinge zu erledigen, und nicht, um sie liegen zu lassen.

»Ziele, die nicht erreichbar erscheinen, sind nur äußerst schwer anzupacken.«

Philipp Kroschke

3 MAN MÜSSTE MAL

WER WILL, FINDET WEGE

Der Titel des Kapitels klingt wie einer dieser abgedroschen Kalendersprüche. Ging es bisher darum, Ihnen zu verdeutlichen, in welchen Situationen – auch typbedingt – man nicht ins Handeln kommt, so möchte ich Ihnen hier zeigen, wie Sie aus dem Teufelskreis »Stillstand, Routine, Sicherheit« entkommen, wie durch eigenes Handeln aus Konjunktiv der Indikativ wird. Das beginnt bei der Erkenntnis: »Ich muss etwas tun – also werde ich es auch machen!«

Das ist der Schritt, der für Sie selbstverständlich werden muss. An verschiedenen Beispielen werde ich Ihnen in diesem Kapitel auch durch Gesprächspartner, mit denen ich Interviews führte, verdeutlichen, wie Sie anhand meiner »5 Wege zum Machen« zum Handeln kommen.

So kam es beispielsweise Pascal Damm, Mitglied der Geschäftsleitung bei Sport1 und Verantwortlicher für alle digitalen Aktivitäten des Senders, nie in den Sinn, sich einfach zurückzulehnen und die Dinge laufen zu lassen. Später wird er das in einem Statement selbst näher ausführen. Für Damm kam es gar nicht infrage, zu sagen: »Dann setze ich das geplante Online-Projekt eben nicht um, weil ...« Der Chef will nicht, ich habe kein Budget dafür, so viel Neues will der Kunde/wollen die Kollegen/will der Vorstand nicht. Das haben wir doch noch nie so gemacht und überhaupt: Dafür hat doch keiner Zeit und Nerven.

»Nichts machen« ist keine Option

Bestimmt haben Sie bereits in den vorigen Kapiteln erkannt, wie die Denkmuster der meisten Leute funktionieren, die eigentlich etwas verändern wollen, es dann aber nicht angehen. Wer nicht von der Idee überzeugt ist, hat sicher ganz viel dagegen einzuwenden und findet tausend Argumente, warum etwas nicht geht.

Aber: Warum nicht andersherum? Suchen Sie Gründe, nur zu – und zwar Gründe dafür: für Ihr Projekt. Gründe, aus denen man es unbedingt umsetzen sollte. Warum es ohne diese Umsetzung keinen Tag mehr weitergehen kann. Gründe, die jeden sagen lassen: Ja, genau! Das ist die beste Idee des Jahres. Drehen Sie den Spieß einfach um!

Hätte ich mal ...

Nehmen wir mal an, Sie sind schon so weit. Sie halten Ihre Idee für gut und wollen die Tat folgen lassen und ins Handeln kommen. Sie sind sich also sicher, dass es bei Ihnen nicht später mal heißen soll: Hätte ich mal ...

Blinder Aktionismus ist kein effektives Handeln

Prima, das sind ja schon die ersten Schritte. Dass wir damit noch nicht am Ende sind, haben Sie sich sicher schon gedacht. Natürlich stehen Sie auch nach diesen beiden wichtigen Gedankengängen immer noch am Anfang und haben im Grunde noch nichts wirklich erreicht.

Wichtig ist, dass Sie jetzt nicht in hektische Betriebsamkeit verfallen: Hauptsache, ich mache was, damit ich nicht im Drumherumreden versacke. Nichts wäre fataler! Hektische Betriebsamkeit hat nichts mit effektivem Handeln zu tun. Ich werde Ihnen einen Fünf-Punkte-Plan – die »5 Wege zum Machen« – erläutern, mit dessen Hilfe Sie auch das vermeiden können und gezielt ins Handeln kommen. Und zwar so, dass Sie am Ende Ihre Ideen, Pläne oder Vorhaben erfolgreich umsetzen können.

Dazu können Sie gleich zu Beginn, bevor Sie mit Ihren Vorstellungen an die Außenwelt gehen, schon kleine Dinge tun, von denen keiner etwas erfahren muss. Das erfordert kaum Zeit und schmälert kein Prestige. Man muss diesen Teilschritt noch nicht an die große Glocke hängen. Es kann schon helfen, sich eine Liste von dem zu machen, was Sie bisher daran hinderte, in medias res zu gehen. Damit allein kann alles schon ein wenig klarer werden! Und die Punkte auf dieser Liste werden Ihnen später auch helfen, Ihr Projekt anderen gegenüber zu verteidigen oder zu verkaufen.

Die Crux der Vorsätze zu Neujahr …

Was meine ich damit? Das will ich an einem einfachen Beispiel erklären, wie es sich vielfach – eigentlich jedes Jahr – wiederholt. Es ist Silvester, die Uhr schlägt zwölf und nach »Happy New Year« wird vollmundig in die Runde verkündet: »Ich höre sofort mit dem Rauchen auf, ich treibe mehr Sport oder im neuen Jahr sage ich öfter Nein zu Dingen, die ich nicht will.« Die bekannten Neujahrsvorsätze. Fast jeder kennt das und schon viele haben sich solche Ziele gesetzt. Darunter sind auch viele »Wiederholungstäter«, die sich schon letztes Jahr vornahmen, Dinge anzupacken. Es vergeht nicht mal eine Woche und schon ist alles vergessen. Warum fällt es uns so schwer, Veränderungen, die wir wollen, auch umzusetzen oder durchzuhalten? Wir wissen nicht, wie, und Ängste und Glaubenssätze halten uns immer wieder davon ab. Das müssen wir aushebeln!

Grundlage dafür sind Glaubenssätze und Gewohnheiten, die tief in uns verankert sind. Wollen wir aus diesen eingefahrenen Mustern ausbrechen, ist das mit einem elektrochemischen Prozess vor allem in unserem Gehirn verbunden. Es müssen sich neue Nervenverbindungen bilden. Das Neue fühlt sich ungewohnt an, löst wieder Prozesse in uns aus, die uns verwirren und uns zu Fehldeutungen verleiten. Es entsteht Chaos, und anstatt uns die Zeit für eine Analyse zu nehmen, uns bewusst zu machen, was da gerade geschieht, geben wir lieber auf, kehren zum Gewohnten zurück, weil uns das leichter fällt. Der Mensch ist bequem. Schließlich haben wir viele Aufgaben zu erledigen, die uns ohnehin schon unter Druck setzen, da bleibt wenig Zeit zur Beseitigung von Unklarheiten.

Diese Zeit sollten wir uns aber nehmen, wenn wir wirklich etwas ändern oder voranbringen wollen. Zunächst sollte man sich fragen, warum wir etwas machen wollen. Was ist die Absicht, die man damit verbindet? Bevor man also etwas »an die große Glocke hängt«, sollte Klarheit herrschen, sonst setzt man sich unter Druck, man bekommt Panik und steht zum Schluss als Depp da. Das Ziel und das »Warum« stehen also in einem engen Zusammenhang. Anschaulich ausgedrückt: Was bringt es mir, wenn ich mir zum Ziel setze, auf den Mount Everest zu steigen, aber ich weiß nicht mal, warum ich das machen sollte? Auf dieses Zusammenspiel haben Glaubenssätze und Gewohnheiten erheblichen Einfluss.

`Warum?`

Das Multerer-Management-Dreieck

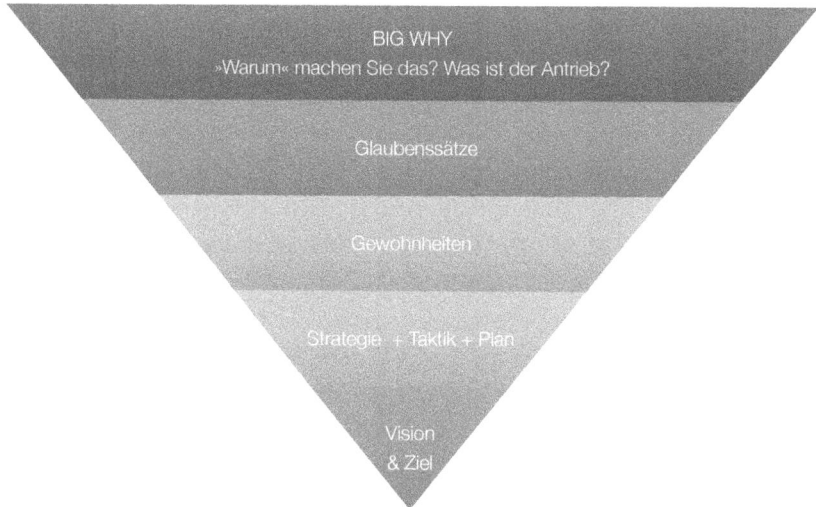

Das Dreieck ist eine Orientierungshilfe, anhand derer Sie Ihre Idee auf Machbarkeit untersuchen können; nicht nur für sich selbst, sondern auch für andere – die, auf die Sie angewiesen sind, wenn Sie Ihre Idee durchsetzen wollen. Das Dreieck steht deshalb auf dem Kopf, weil der Anfang von Überlegungen nie die Spitze ist. Die ist das Ziel. Da will man hin – im besten Fall eine Punktlandung machen. Das bedingt aber, dass man einige Hürden überspringt oder meistert.

Big Why: Ein Motiv ist entscheidend für den Antrieb

Fangen wir ganz oben an: Der obersten Stufe, der Frage nach dem Warum – oder dem »Big Why«, das unmittelbar mit der Spitze des Dreiecks, der Vision, verbunden ist. Der britisch-US-amerikanische Autor, Journalist und Unternehmensberater Simon O. Sinek sagte zum Thema »the big why« in seinem einflussreichen TED-Talk: »Ihre Kunden kaufen nicht, was Sie tun, sondern, warum Sie es tun!«

Mittlerweile gibt es wissenschaftliche Erkenntnisse, die belegen, dass die Antwort auf die Frage nach dem »Warum« sehr viel mehr bewirkt, als einfach nur ein Leistungsangebot besser verkäuflich zu machen.

Also, warum wollen Sie Ihre Vorstellung, Ihre Idee durchsetzen? Wo wollen Sie eigentlich hin? Die Frage sollten Sie sich auf jeden Fall jetzt schon beantworten können. Vielleicht wollen Sie ein neues Sofa, weil Sie auf Ihrem alten zu Hause nicht mehr besonders gut sitzen. Vielleicht passte es in die alte Wohnung, aber nach dem Umzug sind rechts Lücken zur Wand und die Chaiselongue steht genau vor dem Bücherregal – ein neues ist also dringend notwendig. Und im Job? Da geht es ja schon lange nicht so weiter, viel zu viel Arbeit für das vorhandene Personal. Eine Umorganisation der Abteilung ist schon lange fällig. Der Verkauf stagniert und der Wettbewerb setzt sich zunehmend durch. Es ist Zeit für Gegenmaßnahmen.

Schon in diesem Stadium zeichnet sich für Sie eine Vision am Ende des Prozesses ab!

Der Sport eignet sich als gutes Beispiel zur anschaulichen Erklärung des Multerer-Management-Dreiecks. Das große Ziel eines jeden Sportlers ist es, eine Meisterschaft zu gewinnen oder gar Olympiasieger zu werden. Die entscheidende Frage am Anfang ist: Wo will ich eigentlich hin? Warum tue ich mir das anstrengende Training eigentlich an? Warum verzichte ich auf so viele Dinge, warum strapaziere ich mich jeden Tag so sehr? Man muss abwägen und sollte sich nicht nur fragen, *was* man will, sondern *warum* man es will.

Jeder Sportler wird ein individuelles Motiv haben, warum er eigentlich auf dem Siegertreppchen landen will, aber all diese Motive haben ein verbindendes Element. Es ist der Sport, und in der Natur des Sports liegen der Wettkampf und das Siegen. Etwas vereinfacht ausgedrückt lautet die Antwort auf die Frage »Warum will ich Meister oder Olympiasieger werden?«, wie folgt: »Ich will besser sein als die anderen und gewinnen!« – ungeachtet dessen, ob damit andere Aspekte ebenfalls erfüllt werden, wie ein dauerhafter Platz in der Nationalmannschaft, Schlagzeilen in der Presse oder gar lukrative Werbeverträge. Besonders Letzteres ist selten ein Grund für Sportler, um zu siegen. Es geht im Kern um das Ego – man will etwas bewirken/gestalten. Man kann leichter Geld verdienen, als jahrelang täglich viele Stunden ein körperlich anstrengendes Training zu durchlaufen und sich dazu immer wieder motivieren zu müssen.

Glaubenssätze sind tief in uns verankert

Die nächste Stufe des Dreiecks, der nächste Schritt auf dem Weg zum Ziel sind Ihre Glaubenssätze. Sie kennen solche Sätze sicher, wenn man Änderungen vorschlägt – egal, ob sie in der WG gemacht werden (Stichwort: der berühmt-berüchtigte Putzplan), in der Partnerschaft oder im Job. Das geht doch nicht. Du verstehst doch gar nichts davon. Warum ist das nötig? Das brauchen wir doch nicht. Und überhaupt, immer musst du widersprechen!

Im eher scherzhaft gemeinten »Kölschen Grundgesetz« gibt es für diese Einstellung sogar einen eigenen Paragrafen, und zwar den sechsten von insgesamt elf: »Kenn mer nit, bruch mer nit, fott domet.« (Kennen wir nicht, brauchen wir nicht, fort damit.) Lassen Sie sich auf diese Bräsigkeit – oder hochdeutsch, Schwerfälligkeit – nicht ein! Dass Sie leicht in so etwas versanden können und es dann hinterher eben oft heißt: »Hätte ich mal ...!«, haben wir ja schon besprochen.

> Glaubenssätze sind Gedanken, die tief in uns verankert sind.

Dass ein solcher Satz es in ein – wenn auch scherzhaft gemeintes – »Grundgesetz« schaffen kann, zeigt, wie stark uns solche Sätze beeinflussen können. Glaubenssätze sind Gedanken, die tief in uns verankert sind. Wir betrachten sie als wahr. Oftmals sind uns Glaubenssätze gar nicht bewusst, da wir sie uns unbewusst durch Erziehung und Erfahrungen angeeignet haben. Aber: Sie sind dafür verantwortlich, wie wir unser Umfeld bewerten und auf Ereignisse reagieren. Hier spielt der Aspekt Eigenbild und Fremdbildabgleich eine wichtige Rolle, auf den ich später noch eingehen werde.

Diese Glaubenssätze beeinflussen nicht nur unsere Wahrnehmung der Wirklichkeit, meist hängt diese Wahrnehmung der Realität direkt damit zusammen. Trotzdem: Sie sollten sich klarmachen, dass das absolut nicht der Realität entsprechen muss.

Unser Umfeld hat vielleicht eine ganz andere Wahrnehmung und dann wirkt auf die anderen »komisch« oder »seltsam«, was uns ganz normal erscheint. Das kann zugegebenermaßen oft erschreckend sein, wenn man sich wirklich einmal traut, Klartext zu reden.

Bleiben wir aber bei unserem Beispiel des Sportlers. Ein Kind hat Talent. Die Eltern oder sein Trainer werden ihm als Feedback regelmäßig »Du bist der geborene Sieger!« mit auf den Weg geben. Eigentlich logisch, dass sich in so einem Talent der Glaubenssatz »Du kannst das!« festsetzt – und schon ist ein Glaubenssatz entstanden, der auf dem Weg zu internationalen Meisterschaften absolut von Vorteil ist.

Hinderlich dagegen sind negative Glaubenssätze. Diese müssen aufgelöst und geändert werden! Ich gebe zu, das ist nicht ganz einfach. Wenn jemand felsenfest von etwas überzeugt ist, kann er seine Gedanken nur schwer ändern (auch dem Sportler wird es schwerfallen, zu erkennen, dass er möglicherweise doch nicht das überragende Talent ist, von dem seine Jugendtrainer und Eltern immer schwärmten). Positives Denken ist in solchen Situationen hilfreich, aber es wirkt nur bedingt, da die alten Glaubenssätze noch wirksam sind. Wenn unser Sportler – aus welchem Grund auch immer – verinnerlicht hat, »Ich werde immer Zweiter sein«, dann wird ihm das positive Denken, »Ich schaffe es trotzdem«, das Siegen zumindest entschieden schwerer machen.

Erinnern Sie sich noch an das Tor von Mario Götze, das zum Gewinn der Fußball-Weltmeisterschaft 2014 führte? Jogi Löw hatte Götze eingewechselt. Zur Motivation sagte er ihm: »Zeig der Welt, dass du besser als Messi bist!« Götze machte sein Tor. Der Rest ist Geschichte.

Löw hätte auch sagen können: »Pass auf den überlegenen Messi auf und verhindere im Mittelfeld schon mögliche Gegentore.« Merken Sie den Unterschied?

Eine Selbstanalyse, die zur Selbsterkenntnis führt, ist zu empfehlen. Man macht sich damit bewusst, was man wirklich glaubt. Wenn man Klarheit darüber hat, welche Glaubenssätze in einem selbst aktiv sind, wird es möglich, diese alten Gedankenmuster anzugehen, zu ändern und idealerweise aufzulösen und durch andere zu ersetzen. Es gilt, alte Glaubenssätze auszuhebeln. Erst dann kann man seine neuen Gedanken auf das Gewünschte fokussieren. »Fühlt« man das Gewünschte, sein Ziel – also man identifiziert sich damit –, ist der neue Glaubenssatz tatsächlich aktiv.

Für den Sportler, der sich ewig als Zweiter sieht, heißt das: Erst wenn er nicht mehr im Hinterkopf hat, dass er ohnehin nur Zweiter wird, sondern sich richtig als Sieger fühlt, ist der alte Glaubenssatz positiv verändert worden. Verstärkt wird dieser Effekt natürlich, wenn sich dazu in der Realität der Erfolg einstellt.

Gewohnheiten richten sich nach Glaubenssätzen aus

Eng mit dieser Stufe verbunden ist die dritte Stufe des Dreiecks. Glaubenssätze sind der Ausgang für unsere Gewohnheiten, sie bestimmen sie. Wer glaubt, dass er ohnehin immer nur Zweiter wird, wird auch nicht ganz so viel Energie in sein Training stecken und vielleicht nicht so lange und ausdauernd trainieren, wie es nötig wäre, um tatsächlich »der Erste« zu werden. Er richtet also seine Gewohnheiten nach seinen Glaubenssätzen aus.

Wenn Sie glauben, dass man in der Unternehmenshierarchie ohnehin nie auf Sie hören wird, wird das Vorhaben, mit einem Vorschlag zur Änderung der Arbeitsstruktur zum Chef zu gehen, Ihnen natürlich ungleich schwerer fallen.

Indem wir etwas immer und immer wieder machen, wird eine Sache zur Gewohnheit. Es reichen zum Gewinn einer Meisterschaft oder des Olympiasiegs nicht nur der Glaubenssatz »Ich bin der geborene Sieger« und ein Talent aus. Um das eigene Talent zu perfektionieren, muss man regelmäßig trainieren und üben – es braucht eine Gewohnheit.

Das ist oft lästig und eine große Hürde für viele. Aber: Die Regelmäßigkeit der Übung wird zur Gewohnheit – und durch das regelmäßige Üben und Wiederholen wird ein Bewegungsablauf zur Routine verankert. »Muscle Memory« ist Ihnen vielleicht ein Begriff. So ist es beim Riesenslalom wichtig, die Kurven besonders eng nehmen zu können, beim Elfmeterschießen sollte ein Fußballspieler automatisch wissen, wohin er den Ball zu treten hat, und ein Basketballspieler muss wieder und wieder den Korb treffen, bis er das mit geschlossenen Augen schafft. Das funktioniert aber nur, indem man eine Sache hundert-, tausendmal oder sogar noch öfter wiederholt.

Taktik, Strategie, Plan: kleine Schritte zum großen Ziel

Das Bewusstwerden von Glaubenssätzen und Gewohnheiten ist nur ein Teil auf dem Weg, Dinge zu ändern. Weiterhin kommt es auf eine Strategie und die dazugehörigen Maßnahmen (Taktik) an. Ohne diese Punkte sind Glaubenssätze und Gewohnheiten nicht auszuhebeln oder zu verändern. Das wird in einem »Schlachtplan« festgelegt. Der Sieg ist das Ziel. Die Strategie, um dorthin zu kommen, sind die Wettkämpfe – und die Siege darin. Die Taktik wäre dann, regelmäßig für diese Wettkämpfe und die Siege zu trainieren. Nur durch Siege in den verschiedensten Ausscheidungswettbewerben ist das Ziel – die Meisterschaft oder der Olympiasieg – zu erreichen.

Welche Maßnahmen sind also dafür notwendig? Bevor diese in einem Plan aufgestellt und gewichtet werden können – sprich Prioritäten bekommen –, ist zu analysieren, was benötigt wird.

Das wären im Falle von Sportlern das regelmäßige Training, unterschiedliche Trainingseinheiten, medizinische Check-ups, mentale Trainings und am Ende des Tages die Kontrolle der sportlichen Leistungen. Ebenso gehört ein abgestimmter Ernährungsplan dazu, nicht zu vergessen das Einlegen von Pausen. Alle Punkte werden schließlich mit einem Zeitplan in Verbindung gebracht, der medizinisch, sportlich und sinnvoll abgestimmt Etappenziele und Kontrollpunkte vorgibt.

Zusätzlich erfolgt ein permanenter Fremd- und Eigenabgleich durch das Trainerteam. Sie beobachten die Konkurrenten und vergleichen ihre Beobachtungen mit den Entwicklungen ihres Athleten. Natürlich immer vor dem Hintergrund des Ziels. Ebenso wichtig sind direkte Vergleiche in Wettkämpfen oder Qualifyings. Neue Ansätze, wie z. B. Mentaltrainings, werden eingebaut oder Trainingsmethoden optimiert. Jeder Sieg zählt und ist ein Schritt in Richtung des großen Ziels – der Meisterschaft. Außerdem zeigt sich beim Training der aktuelle Leistungsstand unter Wettbewerbsbedingungen und bietet Möglichkeiten zur Justierung des Trainingsplans.

> **Machen Sie die Suche nach Lösungen zu Ihrer Gewohnheit.**

Optimiert wird so lange, bis der Tag der großen Herausforderung da ist. Dann gilt nur noch der (neu?) verinnerlichte Glaubenssatz: »Ich bin der geborene Sieger, die Meisterschaft oder der Olympiasieg gehört mir!«

Generell ausgedrückt: Machen Sie die Suche nach Lösungen zu Ihrer Gewohnheit, um Ziele zu erreichen. Wenn ich also Marktführer werden will, lege ich meinen Fokus darauf, Lösungen zu finden. Ist das Ziel anhand einer Strategie und der daraus resultierenden taktischen Maßnahmen festgelegt und klar kommuniziert, gibt es keine Diskussionen mehr.

Vision: Das Ziel nie aus den Augen verlieren

An der Spitze des Dreiecks – auch wenn es auf den Kopf gestellt ist, befindet sich das Ziel – die Vision. Wenn ich Weltmarktführer für Zulassungsdienste werden will, habe ich eine klare Vision (ein Ziel, auf das ich hinarbeite) und muss schauen, was notwendig ist, damit ich es erreiche. Dazu entwickele ich eine passende Strategie mit Taktik und fixiere das in einem Plan. Die Kombination aus Big Why (»Warum machen wir das«), einem klaren Ziel (der Vision) und dem Entwurf des Schlachtplans (»Wie fange ich an«) ist so stark, dass damit Glaubenssätze und Gewohnheiten ausgehebelt werden, da ich alles dem großen Ziel unterordne und intensiv nach Lösungen suche. Schließlich will ich dem schrittweise näherkommen – der Vision, dem Big Picture.

> Schrittweise näherkommen – der Vision, dem Big Picture

Philipp Kroschke

»Wenn ich später in unserem Familienunternehmen eine führende Rolle würde
einnehmen wollen, müsste ich mein
Vorankommen in die eigene Hand
nehmen.«

Philipp Kroschke

Philipp Kroschke, geboren 1978 in Wolfenbüttel, ist Sprecher der Geschäftsführung der Christoph Kroschke Gruppe in Ahrensburg vor den Toren Hamburgs. Der zweifache Familienvater blickt zurück auf eine umfassende Ausbildung: kaufmännische Ausbildung, anschließendes Studium der Betriebswirtschaft, Praktika im In- und Ausland. Schließlich der Einstieg in das Familienunternehmen im Jahr 2005. Nach kurzer Trainee-Zeit Start als Gebietsleiter im Außendienst. Später verantwortete Kroschke den Umbau und die Leitung des Innendienstes und übernahm die Leitung der gesamten Standortorganisation mit rund 500 Standorten – ein Bereich, der noch heute den Großteil seiner Tätigkeit ausmacht.

Philipp Kroschke leitet die Unternehmensgruppe gemeinsam mit seinem jüngeren Bruder Felix. Ein dritter, nicht zur Familie gehörender Geschäftsführer ist für eine marktführende Unternehmenstochter verantwortlich. Zu Kroschkes Leidenschaften zählt neben dem Beruf und der Familie das Bergsteigen.

Über die Christoph Kroschke Gruppe

Die heutige Christoph Kroschke Gruppe wurde im Jahre 1957 in Braunschweig von Martin und Elfriede Kroschke ins Leben gerufen. Das Ehepaar hat eine für jene Zeit so typische Self-Made-Geschichte geschrieben: eine Idee und feste Überzeugung, Improvisation und Flexibilität – und vor allem jede Menge Tatendrang. Der Start war eine kleine Prägestelle für Kennzeichen.

Die Eltern gossen das Fundament und Sohn Christoph wurde zum Bauherrn des bis heute anhaltenden Unternehmenserfolgs: Mit seinem Einstieg begann der Aufbau eines deutschlandweit aufgestellten Filialunternehmens. Um das wachsende Portfolio an angebotenen Dienstleistungen im Markt zu etablieren, gründete er unter anderem 1998 das renommierte Unternehmen Deutscher Auto Dienst.

Heute bietet die Unternehmensgruppe mit rund 1.900 Mitarbeitern ein lückenloses Angebot an administrativen und bedarfsdeckenden individuellen Dienstleistungen rund um das Fahrzeug. In 430 Servicepoints und 60 Zulassungsdiensten werden jährlich mehr als sechs Millionen Autokennzeichen verkauft und über eine Million Fahrzeuge zugelassen. Hinzu kommen die Beratung und Betreuung bei der Implementierung digitaler Geschäftsmodelle; beispielsweise koordiniert ein vom DAD Deutscher Auto Dienst entwickeltes IT-gestütztes System das gesamte Prozess- und Dokumentenmanagement von Kunden mit großen Fuhrparks. Zu diesen Kunden zählen unter anderem Fahrzeugvermieter, Leasinggesellschaften, Banken, OEMs und Versicherungen.

Jüngste Mitglieder der Kroschke-Unternehmensfamilie sind die 2017 gegründeten Deutsche Kennzeichen Technik (DKT) und Kroschke Digital (KD). Während DKT auf die Themenfelder innovative Zulassungs- und Verkehrstechniklösungen sowie die Entwicklung und Produktion von Fahrzeugkennzeichnungstechnologien spezialisiert ist, entwickelt die Ideenschmiede KD innovative digitale Lösungen im automotiven Umfeld.

Statement

Mein bisheriger Lebenslauf liest sich fast schon traditionell. Nun ja, vielleicht nicht unbedingt klassisch, aber durchaus strategisch und ab dem Schulabschluss präzise auf meinen späteren Berufsweg ausgerichtet.

Aufgewachsen in Meine bei Braunschweig ging ich im Alter von 16 Jahren als Austauschschüler für ein Jahr in die USA. Später dann das Abitur und der Zivildienst, bevor schließlich der »Ernst des Lebens« wirklich losging: Ausbildung bei Kraft Foods (heute Mondelēz International), gefolgt vom Studium der Betriebswirtschaft in Hannover, das um berufsorientierte Praktika unter anderem bei Volkswagen in Mexiko und Shanghai erweitert wurde. 2005 trat ich dann in unseren Familienbetrieb ein. Meine wohl wichtigsten Stationen dort: Gebietsleiter, Bereichs- und Geschäftsführer, schließlich Sprecher der Geschäftsführung.

Ein entscheidender Faktor für meine persönliche Entwicklung war die frühe Erkenntnis, dass mein Vater mich nicht auf höhere Positionen protegieren wird, sofern ich mir den Anspruch darauf nicht selbst erarbeite. Diese Erkenntnis mag lapidar klingen, ist sie aber nicht – im Gegenteil: Für die Nachfolge im Familienbetrieb ist sie entscheidend, denn schließlich geht es nicht nur um fachliche Eignung und erforderliches Wissen, sondern auch um Glaubwürdigkeit nach innen und außen.

Soweit ich mich erinnere, war dies das erste Mal, dass ich nicht »man müsste mal ...« dachte. Mir war klar: Wenn ich später in unserem Familienunternehmen eine führende Rolle einnehmen wollte, musste ich mein Vorankommen in die eigene Hand nehmen.

Bis zu meiner heutigen Position war es ein langer Weg. Ein Weg, der mit vielen Erkenntnissen gepflastert war, insbesondere mit der, dass, wenn du es nicht selber tust, es kein anderer für dich tun wird. Seine Ziele muss man immer vor Augen haben und konsequent verfolgen – denn ohne Ziele wird man zum Ziel. Von Kindesbeinen an wollte ich meinem Vater in der Geschäftsführung des Unternehmens folgen – und dieses Ziel verlor ich nicht mehr aus den Augen.

Gerade in den Anfangsphasen meiner verschiedenen Positionen hatte ich häufig Angst, Fehler zu machen. Diese immer wieder aufkommende Angst führte dazu, dass mir häufig der Mut fehlte, meine vielen kreativen Ideen umzusetzen. Somit blieb es oftmals beim vielzitierten »*man müsste mal ...*«.

Angst wird häufig durch Unerfahrenheit genährt – und Angst, so denke ich heute, führt immer wieder zum Verharren im Nichthandeln. Angst blockiert. Doch auch das Setzen eigener Ziele war während meiner frühen Zeit im Unternehmen nicht stark ausgeprägt. Ziele wurden von den Vorgesetzten festgelegt, hinzu kamen Faktoren wie Budget und Zugriff auf personelle Ressourcen. Immer wieder fragte ich mich, ob vorgegebene Ziele zu eigenen Ziele werden können oder ob sie ein Stück weit fremd bleiben. Kann man sich mit Zielen identifizieren, die andere für einen festlegen? Jedenfalls: Für mich als Anfänger gab es damals nicht wirklich ein Klima und herrschte auch nicht die Atmosphäre, in der man sich aufgerufen fühlte, eigene Ideen zu entwickeln und umzusetzen.

Erst einmal muss man selbst zu der Erkenntnis kommen, dass, wenn man selber nichts tut, es einem niemand abnimmt. Nur die allerwenigsten Dinge starten von selbst.

Mittlerweile ist mein Handeln eine Kombination aus verschiedenen Faktoren: Zum einen verfüge ich heute über einen großen Erfahrungsschatz in unserem Geschäftsumfeld, sodass ich zu treffende Entscheidungen und die damit einhergehenden Konsequenzen viel besser einschätzen kann. Zudem befinde ich mich jetzt in der Situation, relativ frei entscheiden zu können, in welche Richtung wir mit dem Unternehmen strategisch gehen wollen. Mehr noch: Ich MUSS entscheiden – und das wird von mir auch erwartet.

Heute, wo ich in der Geschäftsführung sozusagen der alte Hase bin, fällt es mir erheblich leichter, Entscheidungen über strategische Ausrichtungen und Entwicklungen zu treffen. Zum einen natürlich aus dem bereits zitierten »Wenn nicht ich, wer dann?«, doch vielmehr noch aus dem wohltuenden Gefühl heraus, die Zukunft unseres Unternehmens weitestgehend frei gestalten zu können. Fakt ist: Erfahrung und Unabhängigkeit setzen jede Menge Energie und ungeahnte Kreativität frei.

Doch selbstverständlich bin ich nicht ausschließlich in eigener Mission und der reinen Selbstverwirklichung unterwegs. Es gibt viele und große Erwartungshaltungen, die ich täglich spüre. Neben dem Unternehmenseigentümer und Vater sind es ganz besonders unsere zahlreichen Mitarbeiter, die Erwartungen an mich haben und diese auch zum Ausdruck bringen. Verständlich, denn sie alle wollen nicht nur einen gut bezahlten und sicheren Job, sondern möchten auch wissen, wohin die Reise des Unternehmens geht. Mit anderen Worten: Sie benötigen dieses so wichtige Gefühl des Sinns der eigenen Tätigkeit – denn nur wer dieses Gefühl kennt, hat dauerhaft Freude daran, anzupacken und loszulegen.

»Man müsste mal ...«. Diese drei aneinandergereihten Wörter stehen für eine Entscheidungsschwäche, an der viele Führungskräfte leiden. In zahlreichen individuellen Fällen, so in der Vergangenheit auch bei mir, herrscht keine Atmosphäre des freien Entscheidens. Es geht weniger darum, ob eine Entscheidung klein oder groß ist oder welche Tragweite sie hat. Nein, wichtig ist der grundsätzliche Mut zur Entscheidung. Manche Menschen haben diesen Mut in sich, andere nicht. Daher muss der Mut zum freien Entscheiden vom Management unterstützt und gefördert werden. Die Unternehmensführung muss immer wieder deutlich machen, dass Ideen und deren Umsetzung nicht nur gewünscht, sondern willkommen sind und gefordert werden. Das funktioniert jedoch nur, wenn der Belegschaft die Angst vor Fehlern genommen wird. In einer Angstkultur wird niemand freiwillig Entscheidungen treffen und somit wird keine Atmosphäre des Machens oder Handelns entstehen.

Auch unsere Unternehmensgruppe befindet sich aktuell in einer Phase, in der wir diese verfestigten Ängste beziehungsweise das Zaudern auflösen wollen. Daher schaffen wir für unsere Mitarbeiter regelmäßig Anreize, Ideen zu platzieren und diese auch umsetzen zu können. Ich merke jedoch, dass wir noch einen recht weiten Weg gehen müssen, bis die »Ideenfreiheit« bei allen Mitarbeitern ankommt und von ihnen auch angenommen wird.

Du hast eine Idee? Dann raus damit! – diese Frage und Handlungsaufforderung der Entscheider muss abgelöst werden durch das Selbstverständnis der Mitarbeiter: *Hier ist meine Idee und sie ist gut, also lasst sie uns diskutieren und umsetzen!*

Mit anderen Worten: Ich wünsche mir unsere Unternehmensgruppe als Mitarbeiter-Ideenschmiede!

Auch ich habe manchmal Bedenken, nicht die richtige Entscheidung zu treffen, falsch zu liegen. Diese Bedenken sind wichtig, denn man muss sensibel bleiben und kritisch hinterfragen. Und manchmal helfen mir dann alte und banale Weisheiten wie »Nur wer NICHTS tut, kann KEINE Fehler machen!«.

Diesen Satz unterschreibe ich. Denn wenn man entscheidet, wenn man handelt, dann handelt und entscheidet man auch mal falsch. Punkt! Die Garantie, immer richtig zu liegen, gibt es im Leben nun mal nicht. Sich das immer wieder vor Augen zu führen, hilft extrem, vom Wollen ins Machen zu wechseln.

Meine Gesamtvision vom Job und dem Unternehmen hat mehrere Komponenten. Zum einen soll die Marke Kroschke ein weltweiter Player im Bereich innovativer Fahrzeug-Zulassungs- und -Kennzeichnungssysteme werden. Dazu gehört dann nicht nur die reine Kennzeichenproduktion, sondern ein komplettes System aus Software, Datenbanken, Sicherheitskennzeichen, Überwachungselementen und Verkehrsleitsystemen. Wir wollen das Zulassungswesen digitalisieren und zugleich sicherer machen. Und dies nicht nur in Deutschland, sondern möglichst überall auf dem Globus.

Eine weitere Vision ist die, mit unserem Zulassungsportal in allen deutschen Autohäusern und Autohandelsgruppen vertreten zu sein. Unser bereits jetzt sehr durchdachtes und innovatives System soll alle zulassungsrelevanten Prozesse noch enger miteinander vernetzen und somit die Abläufe schlanker und schneller machen. Die Idee ist, analog der aktuellen Plattformtechnologie »Kroschke ON« zu Deutschlands führendem Zulassungsbeauftragungsportal zu werden. Bei dieser Entwicklung wird es zusätzlich darum gehen, ständig weitere Mehrwerte und Services in das Portal zu integrieren. Ziel ist es, dass Kroschke das Frontend des gesamten Zulassungsprozesses sein wird.

Ich nannte eben das Ziel unserer Internationalisierung. Im Zuge unseres Ausbaus der Flotten-Software gibt es bereits sehr gute Kontakte ins Ausland, auch in Länder auf anderen Kontinenten. Kamerun ist da ein gutes Beispiel, ich würde es eine typische Opportunität nennen.

Zum besseren Verständnis: Ich befasse mich seit einiger Zeit intensiv mit dem Thema der Eigenfertigung von Kennzeichen und der damit anvisierten Internationalisierung. In diesem Zusammenhang wuchs die Überlegung, die Kennzeichenfertigung nicht alleine zu betreiben, sondern gemeinsam mit einem strategischen Partner, mit dem man aufgrund der bereits vorhandenen Fertigungsanlagen und Kapazitäten möglichst rasch starten könnte. Nachdem das Ganze in meinem Kopf gedanklich weitestgehend rund war, erläuterte ich einem möglichen Kooperationspartner meine Vision von der Internationalisierung und klopfte die Möglichkeit der Zusammenarbeit ab. Ich musste gar nicht lange reden, denn schnell wurde klar, dass auch mein Gegenüber Feuer und Flamme war. Mehr noch: Mein zukünftiger Partner eröffnete mir, dass er bereits erste Ansätze in Kamerun und im Tschad fährt, und fragte mich, ob ich auch daran Interesse hätte. Und wie ich hatte!

2017 war es dann so weit. Seine Vertrauensperson vor Ort hatte mehrere Termine mit hochrangigen Entscheidern vereinbart, unter anderem mit einem Staatssekretär des Verkehrsministeriums in Yaoundé. Allerdings war es am Ende dann doch nicht so einfach wie gedacht, denn eigentlich wollten wir Kennzeichen mit neuen Sicherheits-Features vorstellen, stellten dann aber fest, dass es in Kamerun keine zentrale Ausgabelogik von Kennzeichen gibt. Stattdessen wird, ähnlich wie in Deutschland, das Geschäft von mehreren Schilderproduzenten betrieben. Das jedoch fragmentiert den Markt und lässt ihn weniger wirtschaftlich sein. Also haben wir uns den gesamten Prozess einer Fahrzeugzulassung genauer angeschaut und festgestellt, dass es – auch hier ähnlich wie in Deutschland – mehrere Prozessschritte gibt: Man muss eine Versicherung haben und man muss die Steuer bezahlt und eine technische Überprüfung durchgeführt haben. Das alles findet jedoch unabhängig voneinander statt, das heißt, es gibt keine Möglichkeit, diese separaten Schritte in einer Datenbank einzusehen oder gar nachzuvollziehen. Und genau das war dann die Idee: Wir überlegten uns, genau diese fehlende Datenbank zu bauen und die vorhandene Lücke zu schließen. Gesagt, getan! Später dann stellten wir die Datenbank im kamerunischen Verkehrsministerium vor. *Machen* anstatt *man müsste mal* ... – die Weichen wurden gestellt.

Zwischenzeitlich wurden weitere Kontakte geknüpft, beispielsweise nach Indien, Ghana, Nigeria, Ecuador und den Philippinen. Und das Netzwerk wächst weiter. Zwar ist per heute noch kein einziger Euro Umsatz geflossen und wurde kein finanzielles Ergebnis erzielt, doch der Anfang vom Geschäft ist – nach der Vision – fast immer der Aufbau des Netzwerks.

Was ich damit sagen will: Erst einmal klingt die Idee, sich fortan international aufzustellen, vollkommen wirklichkeitsfremd. Oder anders: Die Nummer wird ja eh nicht funktionieren, weil sie gar nicht funktionieren kann, also lassen wir besser gleich die Finger davon. Aha – der Pessimismus bremst also die Überzeugung und den Wagemut aus? Wenn dem so ist, haben Mut und Begeisterung und Visionen von vornherein verloren. Hey, auch die Besteigung der höchsten Berge beginnt immer mit dem ersten Schritt, und ich spreche aus meiner eigenen Erfahrung als Gebirgssteiger, dass es das Spannendste und Aufregendste ist, diesen ersten Schritt zu wagen. Und wer kennt nicht den schönen Satz: Alle dachten, es geht nicht, dann kam einer, der wusste das nicht und hat es einfach gemacht!

Taktik, Strategie und Plan sind essenziell für die Umsetzung eines Plans. Nun ja, und das Bauchgefühl spielt auch immer eine Rolle. Ohne diese Punkte kommt man niemals über das »Man müsste mal ...« hinaus. Denn im Plan und in der Strategie manifestieren sich ja erst die zu ergreifenden Maßnahmen.

Eine Redensart lautet: Wenn du kein Ziel hast, wirst du zum Ziel! Daher muss man sein Ziel stets klar vor Augen haben. Was will ich erreichen? Wo will ich hin? Wenn diese Fragen beantwortet sind, entwickelt man seinen persönlichen Plan. Dieser Plan muss so flexibel sein, dass man ihn gegebenenfalls den sich verändernden externen wie internen Faktoren wieder anpassen kann.

So haben wir für unsere Unternehmensgruppe zum Beispiel eine »Strategie 2022« entwickelt, die beschreibt, wo wir uns per heute im Jahr 2022 sehen. Das ist nicht nur für einen selbst wichtig, um sich abgleichen zu können, sondern vor allen Dingen auch für die vielen Kolleginnen und Kollegen, die man auf diesem Weg mitnehmen will. Denn gerade sie müssen ein deutliches Bild davon haben, wo es gemeinsam hingehen soll. Die Verdeutlichung dieses Bildes muss in Maßnahmenbausteine runtergebrochen werden. Wichtig ist, dass, aller Vision zum Trotz, die Bausteine abarbeitbar sind. Man darf die Vision nicht so hoch hängen, dass sie für einen selbst und für andere unerreichbar erscheint. Dann bleibt man nämlich gerne beim »*Man müsste mal ...*«. Ziele, die nicht erreichbar erscheinen, sind nur äußerst schwer anzupacken.

Unternehmen müssen sich also verändern. Und zwar, weil sich alle anderen Marktbedingungen auch verändern. Die Gesellschaft verändert sich, Gewohnheiten verändern sich, Überzeugungen und Wünsche ebenso. Menschen haben andere Bedürfnisse entwickelt, wollen anders angesprochen und anders mitgenommen werden. Und jeder Einzelne ist ja in der Regel zwei Dinge in einem: Er ist zugleich Kunde und Mitarbeiter. Daher muss man sich als Unternehmen immer wieder den sich ändernden Bedürfnissen und Anforderungen seiner Kunden anpassen. Zugleich muss man sich auch als Arbeitgeber verändern, um weiterhin hochqualifiziertes Personal rekrutieren zu können und auch im Wettbewerb um die besten Mitarbeiter ganz vorn dabei zu sein.

Meine Erwartungshaltung an mein Unternehmen ist dabei nicht nur, dass wir den unmittelbaren Kunden im Blick haben, sondern insbesondere die Kunden unserer Kunden. Denn nur so können wir unseren Kunden Lösungsansätze bieten, die ihnen im eigenen Tagesgeschäft einen wirtschaftlichen Mehrnutzen bieten und für Zufriedenheit sorgen. Diese Klarheit, dass es nicht allein darum geht, mit dem Kunden im Gespräch zu sein und bei ihm seine Bedürfnisse abzufragen, sondern ihm vielmehr bereits Lösungen auf von ihm noch gar nicht erkannte oder wahrgenommene Probleme zu liefern, macht einen kompetenten Partner und Lösungsanbieter aus. Um das zu sein, benötigt man die richtigen Mitarbeiter. Und um zu wissen, welche Kompetenzen für den nachhaltigen Erfolg des Unternehmens wichtig sind, müssen einem die eigene Strategie, der Plan und die Zielsetzung klar sein. Strategie, Plan, Zufriedenheit – auf diesen drei Faktoren baut sich die erforderliche Kompetenzmatrix auf.

Wie bereits erwähnt gab es selbstverständlich auch bei mir Zeiten, in denen ich nicht so recht ins Handeln kam. Ja, ich hatte durchaus Angst vor Fehlentscheidungen. Ja, ich hatte häufig nicht den Mut,

Dinge zu entscheiden. Und ja, ich hatte schlichtweg auch nicht die Erfahrung, die Konsequenzen meiner Entscheidungen vollends zu überblicken.

Mit meiner heutigen Berufserfahrung und den unterschiedlich durchlaufenen Stationen befinde ich mich nun an einem Punkt, an dem es mir große Freude bereitet, das Unternehmen zu gestalten. Und ganz wichtig: Ich habe das sichere Gefühl, die richtigen Gefährten und Vertrauten an meiner Seite zu haben. Auch dies ist eine wichtige Erkenntnis meiner vergangenen Jahre: Man muss nicht alles selber können, aber man muss die richtigen Leute um sich scharen. Mein Vater hatte irgendwann mal zu mir gesagt: »Philipp, hol' dir ausschließlich Leute zur Seite, die in ihren Kompetenzen besser sind als du, denn nur dann wirst du erfolgreich sein.« Oh ja, mein alter Herr ist ein kluger und lebenserfahrener Mann!

Mit den richtigen Menschen sowie mit der Erfahrung, die man mit der Zeit bekommt, mit klarer Zielsetzung und einem guten Schuss Mut und der unbändigen Lust, Dinge zu verändern und zu gestalten, kommt man dann deutlich leichter ins Handeln. Hierbei ist Klartext wie ein Mantra: Wenn man die Dinge nicht beim Namen nennt, nicht auch schmerzhafte Wahrheiten auf den Tisch bringt, dann kann man nicht langfristig erfolgreich sein. Die Dinge, die man unter den Teppich gekehrt hat, werden dann in der Organisation wuchern wie ein Krebsgeschwür. Deshalb ist Klartext wie ein Weckruf. Außerdem gibt Klartext Anregungen, in welchen Situationen Handeln eigentlich angebracht ist und in welcher Form.

Meine gemeinsame Zielsetzung mit unserem Vertrieb ist es, uns vom Produktvertrieb zum Beratungsvertrieb zu wandeln. Hintergrund dafür sind gleich mehrere Faktoren: Zum einen kommst du in einem überschaubaren Markt, mit einer starken Wettbewerbssituation und einem überschaubaren Produktportfolio schnell an deine vertrieblichen Grenzen und musst nach Feldern der Entwicklung schauen. Dabei kann man aber nicht alle Produkte, die für die Kundenklientel interessant sind, selber entwickeln oder erbringen.

Also sollte man Partnerschaften eingehen oder Produkte mitvertreiben. Gleichzeitig ist es aber auch so, dass die Kundschaft keine homogene Masse ist. Nicht jedes Autohaus benötigt das Gleiche. Daher gilt es, gemeinsam mit dem Kunden herauszufinden, was er individuell benötigt und welche eingekauften Leistungen ihm Mehrwerte stiften.

Durch unsere jahrelange Erfahrung in Deutschlands Autohäusern können wir dem Kunden an vielen Stellen helfen und ihm Produkte oder Dienstleistungen anbieten, die wir selbst gar nicht im Portfolio haben. So habe ich gerade erst vor Kurzem einem Kunden einen Online-Marketing-Profi weiterempfehlen können. Das mache ich natürlich grundsätzlich gerne, aber der Gedanke muss ja sein, wie man mit dem Netzwerk, das man hat, und den Erfahrungen, die man gesammelt hat, sowohl dem Kunden Nutzen bieten, aber auch das eigene Geschäft damit erweitern kann. Auch das ist eine wichtige Zielsetzung unseres Hauses.

»*Man müsste mal ...*« ist immer der Beginn des Handelns. Wenn die Begeisterung für etwas da ist, die Leidenschaft brennt und die Idee stimmt, dann ist es an der Zeit, den Konjunktiv hinter sich zu lassen.

»*Man müsste mal ...*«? Nein, sondern: »Ich mach' dann mal!«

Es war einmal ein kleines Unternehmen …

Ein weiteres Beispiel, das mich beeindruckt hat, ist der Aufstieg eines kleinen Unternehmens zur globalen Marke. Es ist die Geschichte der Miba AG aus Laakirchen in Oberösterreich, die 1927 in einer kleinen Schlosser- und Kfz-Reparaturwerkstatt begann. Es dauerte gut 22 Jahre, ehe dem Unternehmen durch die Entwicklung von Bleibronze-Gleitlagern ein Wettbewerbsvorteil gelang. Erst 1955, also sechs Jahre nach dieser Entwicklung, wurde die Marke MIBA, abgeleitet aus dem Namen des Firmengründers Mitterbauer, geprägt.

Langsam und stetig entwickelte und vergrößerte sich das Unternehmen, bis es 1986 an die Börse ging. Die Geschäftsfelder wurden nicht nur für diesen Börsengang immer wieder erweitert. Sie sehen schon an dieser Stelle, dass die MIBA nie stillstand, sondern immer wieder Neues ausprobierte.

Heute ist die MIBA AG einer der führenden strategischen Partner der internationalen Motoren- und Fahrzeugindustrie. Die Produkte – Sinterformteile, Gleitlager, Reibbeläge, Leistungselektronik-Komponenten und Beschichtungen – sind weltweit in Fahrzeugen, Zügen, Schiffen, Flugzeugen und Kraftwerken zu finden. MIBA erwirtschaftet aktuell mit 6.900 Mitarbeitern an 23 Standorten weltweit einen Umsatz von sagenhaften 752 Millionen Euro.

So weit, so gut. Eine Geschichte wie die der MIBA haben beileibe nicht alle, aber doch so einige mittelständische Unternehmen. Das Besondere an diesem hier ist, dass es sich um einen sogenannten »Hidden Champion« handelt. Lassen Sie mich das erklären.

Aufbruch zur globalen Marke

2012 entschloss sich die Geschäftsführung, ihren erfolgreichen Weg weiter zu festigen und weltweit sichtbar zu werden. Die Firma agierte ohnehin schon weltweit, wurde aber so noch nicht wahrgenommen. Die Sichtbarkeit war nicht »das Gelbe vom Ei«. Also legte man sich auf ein Ziel fest: Die MIBA AG sollte Schritt für Schritt auf allen Ebenen unverwechselbar und so zu einer sichtbaren globalen Brand werden – eine klare Vision für die Marke.

Für diesen Schritt beauftragte man eine Werbeagentur, die auf diesem Gebiet Erfahrung hat – quasi analog zum Sportler, der einen Coach braucht, um sein Ziel zu erreichen. Die Automobilbranche, in der die MIBA AG tätig ist, befindet sich besonders technologisch gesehen im Umbruch. Wer international wachsen möchte und nicht austauschbar erscheinen mag, der sollte sich differenzieren und sichtbar sein. Das Warum bei MIBA war geklärt.

Gemeinsam mit der Agentur wird man sicherlich auch Glaubenssätze überprüft und Gewohnheiten analysiert haben, bevor man gemeinsam die Strategie erarbeitet hat. Anstelle von Gewohnheiten kann man im BWL-Wording auch sagen, dass die Kompetenzen analysiert wurden, wobei man im Allgemeinen unter »Kompetenz« die Fähigkeit versteht, lösungsorientiert zu handeln. Mangelnde Kompetenz ist also nicht so sehr das Fehlen von Fähigkeiten, wie man oft glaubt, sondern eher, diese nicht gezielt einsetzen zu können, aus welchen Gründen auch immer.

> Das Warum bei MIBA war geklärt.

Dazu gehörte eben auch, der ohnehin schon internationalen Marke, die weltweit in den unterschiedlichsten Segmenten der Mobilität aktiv ist, durch die richtigen Kommunikationstechniken einen festen Platz im Bewusstsein der Kunden zu geben, die man noch nicht erreicht hatte – Relevanz zu schaffen und über die zum sichtbaren/wahrgenommenen Marktführer zu werden.

Um das zu erreichen, schuf man eine Art »MIBA-Universum«, eine virtuelle Landschaft, die alle Anwendungsgebiete und -möglichkeiten von Produkten und Leistungen abbildet, egal wo sie zum Einsatz kommen. Dabei wurde das Unternehmen mit dem Thema der zukünftigen Mobilität und Energieversorgung in enge Verbindung gebracht. In diesem MIBA-Universum dreht sich alles um

Innovationen, Bewegung und »Dynamic Evolution«. Zu der Strategie gehörte auch der wichtige Punkt, dass dies den Mitarbeitern, den Kunden (also der Automobilindustrie) und den Endverbrauchern (den Autokäufern) vermittelt werden sollte. Schließlich sollte nicht nur einfach eine Marke im stillen Kämmerlein entstehen (was ja ohnehin schon passiert war), es sollten ja auch Leute davon erfahren. Nur so kann aus einem Qualitätsprodukt auch wirklich eine Marke werden.

Maßnahmen ergeben sich aus der Strategie

Aus diesen strategischen Punkten ergaben sich dann fast zwangsläufig bestimmte Maßnahmen und ein Plan.

Entscheidungen sind in diesem Stadium des Prozesses der Markenbildung maßgeblich. Mit »Man müsste mal globale Marke werden« kommt man an dieser Stelle, ähnlich wie der Sportler, nicht mehr weit. Wishful Thinking ist gut und schön, hat aber mit Handeln nicht wirklich etwas zu tun. Hätte die MIBA das an dieser Stelle noch einmal hinterfragt, würde sie wahrscheinlich heute noch diskutieren, wie man das Ziel erreicht. Oder erreichen könnte.

Zu den Maßnahmen, die Marke zu etablieren, gehörten Printkampagnen ebenso wie Imagefilme, die diese virtuelle MIBA-Welt aus verschiedensten Perspektiven zeigt. Porträts wichtiger Personen, zum Beispiel Stellungnahmen und Aussagen der Eigentümer, aber auch der Mitarbeiter und Kunden kamen als authentische Beweisführung zum Einsatz: Warum sollen wir, die Endverbraucher, die Mitarbeiter, die Abnehmer der Produkte nun gerade dieser Marke, diesen Produkten von MIBA vertrauen?

Dieses Storytelling wurde in der Unternehmenskommunikation der MIBA ein wichtiger Differenzierungsfaktor gegenüber den Konkurrenten.

All diese Maßnahmen waren, wie Sie sich denken können, Schritte auf dem Weg zum Ziel: eine global bekannte, relevante Marke für

Qualitätsautoteile zu werden. Und das ist der MIBA AG gelungen – in nur vier Jahren. Sie konnte sich vom »Hidden Champion« zur Weltmarke entwickeln[1]. Die MIBA folgte konsequent ihrem Plan, hat Entscheidungen umgesetzt und ist dabei bestimmt auch neue Wege gegangen, die bis dahin nicht zum Handlungsmuster des Unternehmens gehörten. Ein »Das haben wir schon immer so gemacht« wurde zugunsten eines: »Wir wollen eh `was anderes« fallengelassen. Sicher haben sie dabei auch Abschied von überholten Glaubenssätzen und Gewohnheiten genommen.

Aus meiner Sicht, also von jemandem, der diesen Prozess nur von außen verfolgen konnte, sind zusammengefasst folgende Schritte abgelaufen: Die Unternehmensführung hat sich auf Basis der ihr vorliegenden Erkenntnisse entschlossen, Marktführer zu werden. Das war eine gute Ausgangsbasis. Daran schließt sich das »Big Why« an. Als Marktführer mit einem einheitlichen internationalen Auftritt schafft man Relevanz. Wenn man an Gleitlager oder an Reibbeläge denkt, muss der erste Gedanke in den betreffenden Zielgruppen »MIBA« lauten. Das soll zur Umsatzsteigerung und schließlich zu mehr Gewinn führen. Was braucht man dazu? Neben einer Strategie sind Taktik, Maßnahmen und ein begleitender Plan wichtig. Das kann durch die »5 Wege zum Machen«, auf die ich später ausführlich eingehe, eingeleitet werden.

Ich kann natürlich nur mutmaßen, aber um so einen gewaltigen Schritt zu tun, wird das bestimmt erforderlich gewesen sein, um ins Handeln zu kommen.

Wie man ins Handeln kommt, diese Frage stellt sich für Pascal Damm, Mitglied der Geschäftsleitung des Senders Sport1, gar nicht. Mit ihm sprach ich über seine Einstellung.

---

1 https://www.marconomy.de/vom-hidden-champion-zur-globalen-marke-a-687544/?cmp=nl-243&uuid=52BDB1F0-DA7B-495F-8918-D107337AD092

Pascal Damm

»Organisationen bestehen aus Menschen und reagieren entsprechend.«

Pascal Damm

Pascal Damm, Chief Operating Officer von Sport1, der nach Unique Audience größten, digitalen Sport-Medien-Marke in Deutschland, ist seit 15 Jahren in digital geprägten Unternehmensstrukturen tätig und hat schon verschiedene Funktionen in verschiedenen Unternehmen bekleidet. Er steht für einen ergebnisorientierten, Analytics-getriebenen und umsetzungsorientierten Führungsstil mit nachhaltigen Ergebnissen in Produktentwicklungen, Turnaround Management, Umbau und Optimierung von digitalen Produkten und Unternehmen.

Pascal Damm[2] ist in den Jahren seiner beruflichen Führungstätigkeit auf verschiedene Formen von Widerstand, Barrieren, Hinhaltetaktiken, Konzern-Politiken gestoßen, die einer stringenten und erfolgsgetriebenen Entwicklung von bestehenden und neuen Geschäftsmodellen häufig im Wege standen. Diese Barrieren sind vielfältig und die dafür genutzte Kreativität, Aggressivität, Energie sind für ihn immer wieder beeindruckend und oft nicht vorhersehbar. Auch die Quellen des Widerstands kann man aus seiner Sicht nicht standardisieren, es sind immer wieder andere und diese müssen in dem jeweiligen Mikrosystem einer Unternehmung neu identifiziert und die Reaktionen immer wieder neu darauf ausgerichtet werden. Die Haupttreiber des Widerstands können, wie meist vermutet, im Management eines Unternehmens verortet sein, aber auch die Beharrungskraft im eigenen Team, der Peer Group, bei den Kollegen und Mitarbeitern sollte nicht unterschätzt werden.

Wir werden im Folgenden auf zwei plakative und größere Beispiele aus der berufliche Erfahrung von Pascal Damm eingehen und aufzeigen, wie er damit umgegangen ist, um den Erfolg des Projekts zu gewährleisten. Und wir werden aufzeigen, dass selbst durch das massive Eingreifen des Managements Projekte, Produkte scheitern können, oder origineller formuliert: gescheitert werden können. Wichtig ist auch hierbei zu erkennen, woran das Scheitern liegt und was man als Conclusio für sein zukünftiges Handeln ableiten kann und sollte.

Vorab noch ein kurzer Blick auf die berufliche Laufbahn von Pascal Damm:

Aktuell ist Pascal Damm als COO Digital verantwortlich für alle digitalen und digitalnahen Geschäftsmodelle bei Sport1. Zusätzlich dazu hat er den Konzernauftrag, die Digitalisierung der beste-

---

2   Dieses Statement hat Pascal Damm selbst über sich – in der dritten Person – geschrieben und bereitgestellt. Alle anderen Statements sind aus 1:1-Gesprächen entstanden und als Statements zu werten.

henden TV-Modelle voranzutreiben. Um dies zu erreichen, hat er die Digitalstrategie des Unternehmens neu aufgesetzt und eine strenge Ausrichtung auf User Centricity vorgegeben. Er arbeitet derzeit daran, neue User-Segmente über die Produktbereiche eSports und datenjournalistische Mobile Produkte zu gewinnen und die Produktsteuerung auf eine datengetriebene Unternehmenskultur umzustellen. Neben den neuen Produktangängen stellte sich die Einführung neuer Geschäftsmodelle zur nachhaltigen Stabilisierung der Erlösquellen deutlich schwieriger dar, als zunächst von ihm angenommen.

Um dies voranzutreiben und zu erreichen, musste er gewohnte Arbeitsweisen komplett durchbrechen und gegen den Widerstand der Organisation interdisziplinäre Teams etablieren und analytische KPIs als Entscheidungsgrundlage in alle geschäftlichen Routinen entwickeln, die Datensysteme und Reportings darauf ausrichten oder neu schaffen und implementieren. Wie so häufig stößt man auf dem Weg zur Digitalisierung in Unternehmen auf viele Daten und viele Reportings, nicht aber auf KPIs, erfolgsdefinierende Ratios und klare, datengetriebene Steuerungsstrukturen.

Vor seiner Zeit bei Sport1 war Pascal Damm 10 Jahre bei T-Online beschäftigt und war Mitglied des Leading Teams für den Verkauf von T-Online von der Deutsche Telekom AG an die Ströer Media SE. In Folge des Verkaufes übernahm er die Integration von T-Online in die Ströer-Gruppe, die Agilisierung der Geschäftseinheiten und den Umzug nach Frankfurt am Main und Berlin. Als Chief Operating Officer steuerte er dort die digitalen Monetarisierungsmodelle inklusive der Suchmaschine, die Analytics, den Technologiebereich und die Finanzen von T-Online als eigenständiges Unternehmens.

In seiner Zeit bei T-Online war er zusätzlich zu seiner Linienverantwortung Geschäftsführer von zwei agilen Start-ups in München und Hamburg und realisierte den Turnaround des Daten- und Community-Modells fussball.de des DFB zu einem profitablen Geschäftsbereich der T-Online in Berlin.

Auch in seiner Zeit als kaufmännischer Leiter des Handels und Risikomanagements bei Ensys arbeitete er bereits an der Digitalisierung eines linearen Unternehmens. Bei Ensys, einem handelsorientierten, deutschlandweiten Stromlieferanten konnte er in der Branche des Commodity-Handels Erfahrungen in der Digitalisierung aller Geschäftsprozesse eines Unternehmens durch die komplette Neuprogrammierung eines ERPs von der Energiebeschaffung, dem Portfoliomanagement, dem Vertrieb bis zum komplexen Lieferprozess in der damals noch neu geöffneten Elektrizitätsbranche sammeln und eigene Benchmarks setzen.

Widerstände, denen man als Führungskräfte begegnen kann, sind seiner Ansicht nach so vielfältig wie die Menschen, denen man im Leben begegnen kann. In seiner Zeit als COO vor seiner jetzigen Tätigkeit gab das Management, bestehend aus CEO und COO den Auftrag aus, ein Community-orientiertes Rezepte-Portal aufzusetzen. Rezepte und Kochen als Lifestyle-Element kündigten sich seinerzeit an und haben sich, wie jetzt erkennbar ist, in verschiedenen Formen und Formaten als profitable, nachhaltige Geschäftsmodelle etabliert. Ralf Baumann und Pascal Damm, wahrscheinlich dem geschuldet, dass sie beide leidenschaftlich gerne kochen, gaben den Auftrag in ihre Organisation, eine Pinterest-orientierte Rezepte-Community mit verschiedenen Features rund um das Kochen umzusetzen. Dafür musste natürlich zuerst einmal der Markt analysiert werden. Die KPI-Entwicklung der eigenen Rezepte-Datenbank deutete darauf hin, dass eine erfolgreiche Rezepte-Datenbank vom Markt angenommen wird.

Die Organisation nahm den Auftrag auf und lieferte nach drei Wochen ohne Rückkopplung eine aufwendige, Panel-basierte Untersuchung, welche Zielgruppen man adressieren kann, welche Konkurrenzprodukte es gibt, welche immensen voraussichtlichen Aufwände zu erwarten wären, und kalkulierte, den etablierten Refinanzierungsmodellen folgend, dass sich das Engagement zum einen nicht rechnen würde und zusätzlich eine erhebliche Kannibalisierung der bestehenden Rezepte-Datenbank zu erwarten sei.

Die Organisation hatte zu diesem Zeitpunkt schon entschieden, dass sie dieses Projekt nicht umsetzen will, und hat die gesamten Untersuchungen mit diesem Fokus betrieben. Pascal Damm und Ralf Baumann nahmen dies nicht als Signal auf, einfach tiefer in die Organisation hineinzubohren, die Quellen des Widerstands klarer zu identifizieren, einen entsprechen Wandel zu initiieren, sondern entschieden, das Projekt selbst umzusetzen.

Es wurde mit einem externen Partner eine agile Truppe akquiriert, die innerhalb von 8 Wochen und einem Budget von 170.000 Euro ein Portal inklusive nativer App mit genau den geforderten Features umsetzte und an den Markt bringen konnte. Gleichzeitig konnte ein neuer technologischer Standard mit der Google App Engine ausprobiert und auf die Tauglichkeit zur Nutzung in der Entwicklung analysiert werden.

Managementseitig waren die beiden Führungskräfte überzeugt, einen starken Proof-of-Concept an die eigene Belegschaft adressiert zu haben. Mit einem typischen Plan-B-Mechanismus »dann mache ich es eben schnell selbst« bürdeten sie sich die Aufgabe auf, statt die Energie in die Beseitigung der Barrieren innerhalb der Organisation zu investieren und das notwendige Mindset für einen agilen Entwicklungsansatz in der Organisation zu implementieren.

Die Reaktion der Organisation erfolgt auf dem Fuße, indem mit der Übergabe des Produkts an bestehende Produktverantwortliche dieses zwar in den Kanon des Produkt-Portfolios übernommen wurde, aber keine weitere alternative Akquisition der neuen User-Segmente erfolgte. Fehlende Affinität der bestehenden Segmente zur Produktstruktur führten dazu, dass das Produkt auch durch die KPI-Steuerung nicht mehr bearbeitet wurde und ohne den Support des Managements scheiterte.

Nach einigem Nachdenken kam man auf Managementseite darauf, dass die Organisationsabläufe, Produktentwicklung und die Steuerungsroutinen nicht mehr der Markt-Dynamik gewachsen waren. Statt die Organisation auf ihr Scheitern hinzuweisen, nahmen die beiden Manager das Signal auf und schafften innovationstreibende Bei-Boote ab und unterwarfen die gesamte Belegschaft einer Agilisierung aller Arbeitsabläufe. KPI-Routinen der Vergangenheit wurden überprüft und über Bord geworfen, die strategischen Zielsetzungen neu formuliert. Besonders geeignete Mitarbeiter wurden zu Workshops eingeladen und dort mit Best-in-class-Beispielen inspiriert und es wurden Wege diskutiert, wie man diese in die bestehende lineare Organisation integrieren konnte. Der Gegenwind gegen diese Ideen war massiv. Das Management war einmal mehr gefordert, Widerstände und Barrieren zu beseitigen, und nahm diese Aufgabe als Überzeugungsauftrag auf, erläuterte, führte neue Rollen, Ziele und Kommunikationsstrukturen ein.

Klar musste man sich an ein, zwei Stellen auch mit Hindernissen anderer Art befassen, beispielsweise, wenn Mitarbeiter den neuen Weg der Unternehmung nicht mitgehen wollten, doch war dies nach einer Phase des Umbruchs erstaunlich wenig der Fall. Nur 15% der Mitarbeiter trennten sich von der Unternehmung. Wandel gegen Widerstände und Barrieren wie in dem vorliegenden Beispiel können nicht übers Knie gebrochen werden, sondern müssen konsequent und übergreifend fundiert implementiert werden. Dazu müssen die notwendigen Mittel in Ressourcen, Geld und Zeit frei gemacht und für einen nachhaltigen Ansatz zur Verfügung gestellt werden.

Das andere Fallbeispiel bezieht sich auf Barrieren und Widerstände vonseiten der Geschäftsführung, denen sich Manager, den organisatorischen Wandel von Unternehmen betreffend, häufiger gegenübersehen. Gerade in der aktuellen Zeit sind – unter der Überschrift »Digitalisierung« – eine Reihe von Unternehmen bestrebt, Wandel in ihren Organisationen von innen oder außen zu implementieren.

Der Sender hatte über zwei Jahre eine neue Sportart abgedeckt, die aber weder von der Organisation angenommen wurde, noch erfolgreich war. Das war teilweise darin begründet, dass der Markt für dieses Thema noch nicht reif war, teilweise aber auch damit, dass man sich den digitalen Trends verschlossen hatte und sie nicht verstand und deshalb nicht untersuchte, wo dieses neue User-Segment diese neue Form des Sports-Entertainment konsumierte.

Pascal Damm versuchte nun, mit der Einführung eines interdisziplinären agilen Teams, diese Denkweise zu durchbrechen und alle notwendigen Kompetenzen an Bord zu holen, um an den richtigen Stellen den notwendigen Wandel in der Arbeitsweise zu implementieren. Er war sich darüber im Klaren, dass der erste Product-Owner dieser Einheit massiv auf eine lineare Organisation stoßen würde, die es sich zum erklärten Ziel machte, dieses Projekt scheitern zu lassen und ihre Energien darauf zu konzentrieren, Mängel kommunikativ zu adressieren und immer wieder indirekt an die Unternehmensführung zu melden. Womit er wiederum nicht gerechnet hatte, war, dass sich die Geschäftsleitung, in der er vertreten ist, zwar ganz klar zum Projekt und zum Ansatz bekannte, in ihren Organisationen aber ganz andere Signale aussandte. Dies stellte sich in der Form dar, als dass zum Beispiel eine parallele lineare Organisation etabliert wurde, die den notwendigen Support für das agile Team still bis offen verweigerte.

Es brauchte eine Zeit von fünf Monaten, um zu verorten, dass Pascal Damm in seiner Peer Group das massive Problem hatte, dass weder agile Arbeitstechniken verstanden, noch eingesehen wurde, dass der digitale Wandel in der Medienwelt nur durch ein genaues Beobachten, Testen und Ausrichten auf das sich ändernde User-Verhalten zu beantworten ist. Zusätzlich ergab sich der Sachverhalt, dass über lange Jahre etablierte Macht- und Kommunikationsstrukturen durch die Delegation von Entscheidungsbefugnis an die Manager-Ebene das Karrieremodell etablierter Management-Funktionen quasi über Nacht aufhoben, und das mit Steuerungslogiken, die weder verstanden noch in die bisherige Definition von Erfolg hineingehörten.

Meine einfachere Satzalternative im Damm-Sprech: Zusätzlich hob das Delegieren von Entscheidungsbefugnissen an die Manager-Ebene das über lange Jahre entstandene Karrieremodell etablierter Managementfunktionen quasi über Nacht auf – und das mit Steuerungslogiken, die weder verstanden wurden noch in die bisherige Definition von Erfolg hineingehörten.

Die Lösung dieses massiven Problems bestand nicht in der Anpassung der Arbeitstechniken, sondern darin, den singulären Fehler im System zu finden. Erst wurde dieser in Prozessen und Arbeitsroutinen vermutet. Dies lag nahe, da als Argumentation für den Widerstand auch immer wieder auf diese referenziert wurde. Es war aber viel einfacher. Durch die interne Guidance des Managements, dass die etablierte bestehende lineare Welt den agilen, KPI-getriebenen Ansätzen überlegen sei und man seine Ressourcen zur Zusammenarbeit inoffiziell durch eigene Priorisierungen verweigerte, riskierten diese Manager, dass man ein neues Geschäftsfeld zum einen nicht bearbeitete und zum anderen die nachhaltige Existenz des gesamten Unternehmens gefährdete.

Diese Denk- und Vorgehensweise konnte in dem vorliegenden Beispiel nur dadurch behoben werden, dass sich Pascal Damm sowohl in der Geschäftsleitung als auch in den jeweiligen Projektterminen selbst einbrachte, evangelisierte, aber auch die Führung des Digitalgeschäfts insgesamt zur Disposition stellte, um die betroffenen Stakeholder entsprechend zu alarmieren.

Wandel in Organisationen muss gerade von der Geschäftsleitung einheitlich vorangetrieben werden. Man kann auch planen, Organisationen in zwei Geschwindigkeiten auf das Ziel zu steuern. Womit man eine Organisation zum Scheitern verurteilt, wenn ein Teil sich herausnimmt, den induzierten Wandel aus einer anderen Abteilung zu blockieren.

Eine standardisierte Conclusio, ein Standard-Toolset kann Pascal Damm mit den Beispielen und dem Wandel über die letzten 20 Jahre, den er beobachten konnte, nicht festhalten. Egal, wie professionell und innovativ Angänge sind, und egal, welche Möglichkeiten die Agilisierung und die Algorithmen uns heute im Vergleich zur kürzeren Vergangenheit bieten. Es ist immer wieder wichtig, zunächst einmal die formale Funktionsweise einer Organisation zu verstehen und ein tiefes Verständnis für die informellen Entscheidungsroutinen zu erhalten. Organisationen bestehen aus Menschen und reagieren entsprechend.

Um einen Wandel einleiten zu können, muss sich ein klares strategisches Grund-Set definieren und eine interne Roadmap von je nach Organisationsgröße mindestens sechs Monaten bis zu zwei Jahren eingeplant werden, um als Grundlage das notwendige Verständnis zu etablieren und teilweise edukativ zu implementieren.

Eine weitere notwendige Voraussetzung ist es, sich die für die erfolgreiche Umsetzung von Produkten notwendige Truppe auf allen Unternehmensebenen und in allen Wertschöpfungsstufen zu sichern und neu einzusetzen. Erst dann macht es Sinn, alle hinreichenden Rahmenbedingungen zu schaffen, um ein Projekt oder Produkt innerhalb einer bestehenden Unternehmung umzusetzen. »Ich unterschätze nie wieder die Beharrungskraft von Organisationen und Menschen. Und ich gehe auch nicht mehr mit meinem persönlichen Verständnis von Speed an ein Projekt heran. Man kann Unternehmensprozesse gestalten, man kann sie aber nicht brechen«, fasst Pascal Damm zum Ende unseres Interviews zusammen.

Es reicht also nicht aus, wenn die Unternehmensleitung, der CEO von der Richtigkeit der Maßnahmen, des Projekts, des Produkts überzeugt ist und Support leistet. Notwendig ist es natürlich, aber nicht ausreichend, um die grundlegenden Bedingungen für einen Erfolg zu gewährleisten. Man muss darüber hinaus viel Zeit und Mühe investieren, um einen klaren Fahrplan zu entwickeln und die notwendigen Key Player an Bord zu haben, die sich das vorgenommene Projekt zu eigen machen und es motiviert umsetzen. Erst dann beginnt die klassische Umsetzung von erfolgreichen Geschäftsmodellen – ob man das agil, hybrid oder klassisch linear tut, ist dabei abhängig vom Reifegrad der Unternehmung und weniger erfolgskritisch, als aktuell in vielen Beiträgen populär propagiert wird.

»Wie komme ich ins Handeln?«

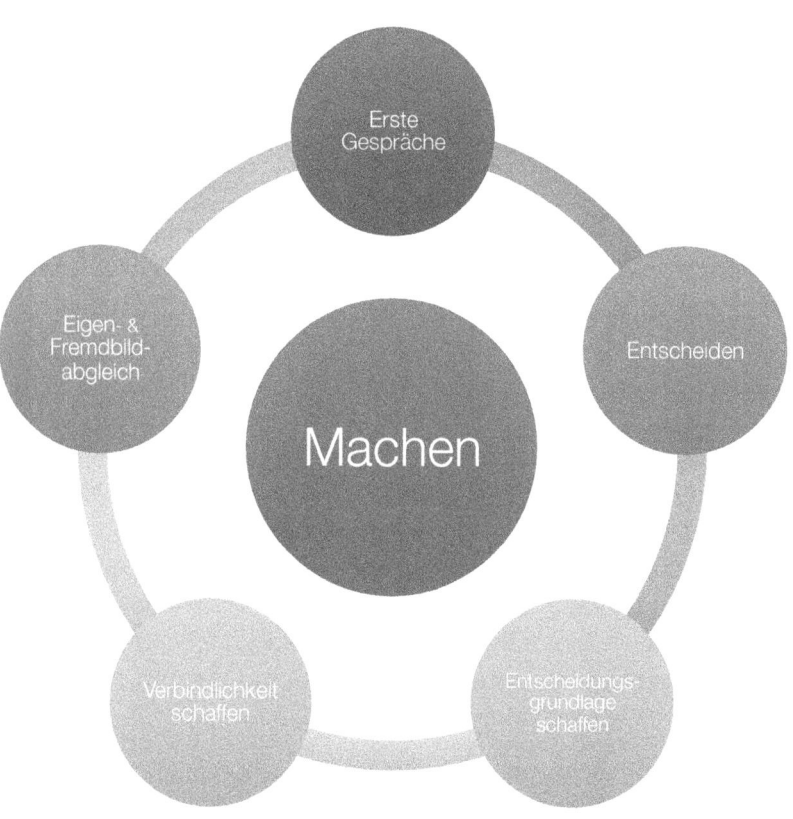

Gebrauchsanweisung

Meine definierten Grundsätze, die ich Ihnen nun vorstellen werde, sind keine klassischen Regeln nach einer festgelegten Reihenfolge. Sie können in jeder beliebigen Abfolge angewendet werden. In einigen Fällen können Schritte gar parallel erfolgen.

Die von mir skizzierten Schritte oder Logiken sollen helfen, das große Problem zu lösen, wie Sie ins Handeln kommen. Sie zeigen konkret auf, was Sie tun können/müssen.

Dazu ein simples Beispiel aus dem Alltag. Ich überlegte, mir ein weiteres Auto zu kaufen. Das entstand nicht aus Übermut, sondern aus der Erkenntnis, dass große Strecken mehrmals in der Woche in einem Smart einfach nur anstrengend sind. Das Auto ist fein für die Stadt und kurze Distanzen, aber wenn man mehrmals pro Woche von Koblenz über München und Berlin nach Hamburg und zurück fährt, ist ein Reisewagen von Vorteil. Das basierte auf einer Art Eigen- & Fremdbildabgleich. Daraus resultierte die Bereitschaft, mir ein neues Auto zu kaufen. Natürlich hatte ich eine ungefähre Vorstellung, welcher Fahrzeugtyp infrage kommt. Dennoch informierte ich mich über verschiedene Optionen – erste Gespräche, die eine Entscheidungsgrundlage schufen, und schließlich kam ich nach konkreten Kaufgesprächen zu der Entscheidung, ein bestimmtes Auto zu erwerben.

> Meine Regeln zeigen konkret auf, was Sie tun können/müssen.

Also: Um ins Handeln zu kommen, ist es erforderlich, mit einem Schritt zu beginnen, damit alle anderen – egal, wie man sie anordnet – durchlaufen werden können. Sie werden sehen, am Ende gibt es nur noch eine Option: Machen – oder nicht machen!

1. Erste Gespräche – darüber reden & Infos sammeln

Warum sind Erkundigungen einholen und erste Gespräche führen auf dem Weg zur Umsetzung – idealerweise auch schon davor – eigentlich so wichtig?

Weil Kommunikation wichtig ist. Sprechen Sie über Ihr Projekt oder Ihr Vorhaben – und das schon möglichst von Anfang an. Behalten Sie es nicht für sich. Wenn Sie das tun, dann wird es auch dort bleiben, wo die Idee dazu entstand: in Ihrem Kopf.

Schlimmer noch: Die Idee kann nicht »reifen«. Je häufiger ich über etwas spreche, desto mehr befasse ich mich mit dem Thema. Ich habe meine Entscheidungen oft aus dem Bauch heraus getroffen oder zumindest sofort entschieden. Sicherlich, das liegt nicht jedem und ist nicht immer richtig. Ob man aus dem Stand heraus eine Entscheidung trifft oder sich lieber etwas vorher überlegt, ist eine ganz individuelle Sache. Mein Buch jedenfalls soll eine Hilfestellung geben, um in den Fluss des Handelns zu kommen.

Weil Kommunikation wichtig ist

Businessplan aus der Konsequenz erster Schritte

Was man tun kann und wozu Gespräche gut sein können, bevor man ans Handeln geht, lässt sich gut an einem Beispiel erklären.

Es ist gar nicht so wichtig, ob man glaubt, die Idee selbst zur Tat werden lassen zu können, oder ob man sich dabei helfen lässt. Andere Leute sind wichtig, um ein geplantes Projekt umzusetzen, aber man muss die Vorstellung zunächst mit jemandem teilen.

Bei meinem Beispiel geht es um einen Businessplan. Wenn man einen solchen braucht, ist man schon nicht mehr nur bei einer Idee. Man ist bereits davon überzeugt und hat schon erste Schritte unternommen, um sie umzusetzen. Doch nun muss man andere davon überzeugen, Leute, die einem Geld geben, vielleicht auch Verbindungen, Beziehungen. Oft wird das als »Vitamin B« verunglimpft, aber man sollte diese Beziehungen nicht unterschätzen.

Ob man sich nun einen Businessplan für die eigene Firma erstellen lässt oder selber schreibt, ist dabei egal. Ein junges Start-up hatte jedenfalls eine Idee zu einer App, die touristische Angebote für kleine Hotels und Privatvermieter katalogisiert und Ausflüge dorthin organisiert. Oft können kleine Pensionen oder Privatunterkünfte solche Leistungen nicht vorhalten – im Gegensatz zu großen Hotels, die meist entsprechendes Personal oder sehr gute Beziehungen zu den Touristeninformationsbüros haben.

Das Start-up beauftragte also einen Unternehmensberater, ihnen bei einem entsprechenden Plan zu helfen, der ihre (geplanten) wirtschaftlichen Eckpunkte zusammenfassen sollte und den sie bei der IHK oder bei bestimmten Förderstellen vorlegen konnten. Der Berater stellte alle Informationen zusammen, die ihm das Start-up liefern konnte.

Ein »Klartext-Tag« sortiert Fakten und Ideen

Aber es gab einen Haken. Es stellte sich heraus, dass die beiden Gründer zwar über gewisse Marktkenntnisse verfügten. Sie konnten auch einige Eckdaten liefern, aber nur vage etwas über den Markt, die Nutzer, an die sich ihre Dienstleistung richten sollte, oder gar den Vertrieb sagen. Der Unternehmensberater zog sich fürs Erste zurück und meinte, sie sollten sich wieder an ihn wenden, wenn sie die entsprechenden Infos beisammenhätten. Seine Aufgabe seien die betriebswirtschaftlichen Kennzahlen, doch die ergäben sich, nicht zu Unrecht, aus Daten einer Analyse des Markts und der Branche, in der beide arbeiten wollten.

Die beiden Programmierer ließen sich nicht beirren. Sie wussten, dass die Dienstleistung, die sie bieten wollten, benötigt wurde, und auch, wie das Problem (theoretisch) zu lösen sei. Sie suchten weiter nach jemandem, der ihnen helfen könnte, fanden schließlich mich im Internet und nahmen Kontakt mit mir auf. Sie hatten etwas über den »Klartext-Tag« gelesen und wollten wissen, wie der funktioniert und ob etwas in der Art hilfreich für ihren Businessplan sein könnte. Sie befassten sich also mit ihrer Idee intensiver, diese reifte heran und dabei wurde offensichtlich, dass es weitere zielführende Gespräche erforderte.

Spezialisten verlieren oft den Überblick für das Gesamtbild

Während sich der Unternehmensberater weiter auf die betriebswirtschaftlichen Aspekte konzentrierte, reflektierte ich mit den beiden ihr gesamtes Geschäftsmodell. Sicherlich hatten die Programmierer schon erste Gespräche geführt und sich erkundigt. Diesen ersten Schritt waren die beiden schon gegangen, ohne den wären sie gar nicht auf ihre Geschäftsidee gekommen, die sie erst über die IHK hin zum Unternehmensberater geführt hatte. Sie waren also bis zu einem gewissen Punkt schon ins Handeln gekommen. Das Ziel stand fest, aber sie waren sich über konkrete Maßnahmen dorthin noch nicht sicher. Die Konsequenz: Das Handeln stockte.

Bereits im Vorgespräch wurde mir bewusst, warum. Die beiden waren Experten im Programmieren, aber in Sachen Markt (Marketing, Strategie, Vertrieb, Produktentwicklung) kannten sie sich nur bedingt aus.

Wir vereinbarten einen »Klartext-Tag«. Wir legten einen Termin fest und ich sagte beiden, sie sollten sich darauf vorbereiten. Einen Fragenkatalog gab es gleich mit dazu. Die Programmierer waren also aufgefordert, sich weiter zu informieren, bei ihrer vermuteten Zielgruppe, vielleicht auch Branchenverbänden nachzufragen und eben Gespräche zu führen – sich handfeste Gedanken zu machen. Als wir uns zu dem Termin trafen, stellte ich klar, dass ich keine Sätze hören möchte, die mit »Man müsste mal ...« anfangen. Ich unterzog ihre Geschäftsidee einem Stresstest.

> Ich unterzog ihre Geschäftsidee einem Stresstest.

Und ich stellte fest, dass beide sich gut vorbereitet hatten. Die Informationen, die sie recherchiert hatten, führten schon weiter und ließen konkrete Ansätze erkennen. Ich bohrte weiter: Warum waren sie so sicher, dass die Zielgruppen, die Pensionen und kleinen Hotels ihre App einsetzen würden? Wer würde ihnen beim Vertrieb helfen, wie wollten sie ihr Produkt bekannt machen? Wie könnte man das Produkt erweitern?

Am Ende eines anstrengenden Tages waren viele offene Fragen geklärt. Wir hatten eine Struktur herausgearbeitet.

Der wichtigste Punkt: Sie mussten sich durch mein Feedback intensiv mit ihrer Sache beschäftigen. Und siehe da: Nun waren sie in der Lage, zu handeln. Als Erstes konnten dem Unternehmensberater die fehlenden Informationen für seine Kennzahlen und Prognosen geliefert werden. Jetzt war der Businessplan kein Problem mehr – und es sah gut aus. Das ermöglichte Gespräche bei Förderstellen und Banken. Aus Gesprächen und Informationen wurden also Handlungen, und die lösten weitere Schritte auf dem Weg zum Ziel aus.

> Wir hatten eine Struktur herausgearbeitet.

Intensive Auseinandersetzungen fördern das Handeln

Wie auch dieser Fall zeigt, bleibt ohne erste Erkundigungen eine Idee oft beim »Man müsste mal ...« stecken. Egal, ob es darum geht, umzuziehen, eine App zu entwickeln, die Unternehmensstruktur umzubauen. Durch Gespräche aber konkretisiert sich ein Ziel. Es nimmt durch die Auseinandersetzung, durch den Input Form an. Je deutlicher diese Form wird, desto mehr kommt man ins Handeln. Man kann zum Schluss gar nicht mehr anders, man muss aktiv werden, und sei es auch nur der Zugzwang, vor anderen nicht als Versager dazustehen.

Aber Sie werden auch feststellen: Es macht Spaß zu sehen, wie die eigene vage Idee langsam konkrete Gestalt annimmt und wie sich die Hindernisse manchmal ganz von selbst aus dem Weg räumen.

Auf zwei wichtige Faktoren, die Sie höchstwahrscheinlich für die Umsetzung Ihres Projekts ebenfalls brauchen werden, bin ich bisher noch gar nicht richtig eingegangen. Die habe ich eigentlich nur gestreift. Trotzdem sind sie so essenziell, dass man sie nicht außer Acht lassen darf. Der eine sind die Menschen, die Ihnen helfen sollen – und wahrscheinlich auch können –, Ihr Projekt, Ihre Idee oder Ihren Traum ordentlich umzusetzen. Ich werde übrigens versuchen, mit dem Begriff »Idee« im Folgenden vorsichtig umzugehen. Denn eine »Idee« ist eher ein Gedankenkonstrukt, das am Anfang von allem steht. Eine Idee allein ist nichts. Sie ist der Ausgangspunkt und von dem soll alles, was ich hier schreibe und was Sie tun können, wegführen, hin zur Umsetzung und dem Tun. Eine Idee ist nichts, was man sehen oder anfassen kann. Man braucht sie, um ins Handeln zu kommen, stimmt, denn sonst wäre das Machen ja blinde Geschäftigkeit, und die braucht nun wirklich niemand. Nichts ist schlimmer als ein, wie man in Bayern sagt, »G'schaftlhuber«, der blind den ganzen Tag herumfuhrwerkt, alle Leute verrückt macht und bei dem man sich am Ende des Tages fragen muss, was denn eigentlich geschafft wurde. Meist ist das nämlich buchstäblich nichts.

Eine Roadmap ist das A & O auch im Privaten

Und genau das sollen Sie natürlich vermeiden: Bei den anderen anzukommen wie ein G'schaftlhuber. Sie wollen etwas tun, Sie wollen handeln und etwas ganz Konkretes erreichen, das nicht nur für Sie, sondern für alle Beteiligten gut ist.

Die Menschen, aus denen unsere Umwelt besteht, sind wichtig. Schließlich sind wir alle keine Insel. Und da es hier hauptsächlich darum geht, Ideen in Unternehmen zu verwirklichen, sind die Kollegen, die Sie täglich im Büro treffen, aus Ihrem Projekt gar nicht wegzudenken, sondern ein wichtiger Faktor.

Bei »Privatiers« ist das ein wenig anders. Wenn Sie in Urlaub fahren wollen, an Ihr Traumziel (und dabei meine ich jetzt nicht unbedingt den Strand auf Mallorca), dann planen Sie das ja in der Regel nur mit einem kleinen Kreis von Leuten: Ihrem Partner oder Ihrer Familie.

Wenn Sie sich endlich Ihren Traumjob angeln wollen, sind Sie noch mehr auf sich selbst und Ihre eigene Überzeugungskraft angewiesen. Doch auch das gilt es zu organisieren. Ein genauer Plan, genaue Recherchen sind wichtig, und möglichst sollten dann die, mit denen Sie reisen, mit Ihnen die Bewerbungen durchgehen und die Sie in Ihren Plänen unterstützen, nicht egal sein. Aber wahrscheinlich werden Sie mit den meisten nicht wortwörtlich arbeiten müssen, um Ihr Ziel zu erreichen.

Fakt ist, in solchen Fällen sind Sie die Hauptperson, die anderen sind Nebenfiguren. Sie haben das Zepter in der Hand. Wenn Sie sich nicht auf dem Markt umschauen, was für Jobs es gibt, werden Sie auch nicht Ihren Traumjob finden.

Veränderungen verlangen Teamwork

Im Berufsleben sieht es etwas anders aus. Legt jemand eine Idee vor, kann man vom Initiator sprechen. In den seltensten Fällen wird diese Person allein eine neue Software implementieren, die Abteilung umstrukturieren, das Kundenprojekt umsetzen oder ein neues Produkt entwickeln. Das geht nur im Team. Wollen Sie eine Veränderung in einem Unternehmen erreichen, sind Sie auf die Menschen in Ihrer Arbeitsumgebung angewiesen. Allein werden Sie Ihre Idee, um was auch immer es sich handeln mag, kaum umsetzen können.

Das geht nur im Team.

Selbst wenn Sie an der Spitze der Nahrungskette stehen und Ihnen das Unternehmen gehört oder Sie die entsprechende Abteilung führen und somit die Mitarbeiter – zumindest in der Theorie – tun müssen, was Sie ihnen sagen, ist das nicht so einfach. Wenn Ihre Mitarbeiter mit Ihren Entscheidungen als Chef nicht einverstanden sind, ändert sich in Ihrem Unternehmen absolut gar nichts. Sie können an der Spitze herumentscheiden, so viel Sie wollen – erreichen werden Sie nichts. Wichtig sind Gespräche, der Gedankenaustausch und Reflexionen, die Ideen nach vorne bringen.

Es ist für eine Idee förderlich, sich mit Menschen in Verbindung zu setzen, mit denen man die eigene Vorstellung nicht nur durchsetzen, sondern auch umsetzen kann. Manchmal, wenn man richtig argumentiert, rennt man mit Vorschlägen, was Arbeitsprozesse oder neue Projekte in Unternehmen angeht, offene Türen ein, auch bei Chefs. Das Wort »Umsetzen« klingt da freundlicher. Auch für Chefs, denn umsetzen ist schon ganz nah an »Umsatz«. Und da klingt Gewinn an! Umsatz zu machen, ist für manche Firmen oft wichtiger, als Gewinn zu erwirtschaften.

Für so etwas muss man nicht wie Pascal gleich ein Team bilden, aber vielleicht wäre es auch für die Gemeindeangestellte, die ich schon in Kapitel 2 erwähnte, sinnvoll, sich Kolleginnen und Kollegen zu suchen, die ähnlich denken und die mit ins Boot zu holen. Das kann ich aber nur, wenn ich aus mir herausgehe und mit meiner Umwelt kommuniziere, und mit Umwelt meine ich nicht nur Mitarbeiter, Kollegen oder Partner. Zur Meinungsbildung gehören ebenso Gespräche mit völlig Unbeteiligten – mit Externen. Sie haben oft einen ganz unvoreingenommenen Blick auf die Dinge und beurteilen etwas ohne emotionale Bindung.

Smalltalk am Arbeitsplatz ist auch ein erster Schritt

Um sich intern eine erste Meinung zu bilden, muss man keine großen Meetings oder Runder-Tisch-Gespräche einberufen – das kann schon gleich morgens beim Kaffeeholen in der Teeküche anfangen: Du, ich war doch gestern/am Wochenende da bei diesem Vortrag, auf den der Chef mich geschickt hat. Und was soll ich sagen, das, was der Typ da sagte, war gar nicht so blöd.

Und dann erklärt man kurz, worum es geht. Meist kann man dann schon aus der ersten Reaktion des Gegenübers erkennen, ob es die Idee ebenso gut findet wie man selbst. Wenn nicht, dann sei's drum. War doch nur ein kurzer Smalltalk in der Teeküche. Ganz ohne negative Folgen. Aber positiv für einen selbst: Man hat die eigene Vorstellung schon mal ein Stück weit auf die Machbarkeit abgeklopft.

Sie sehen also, wie wichtig erste Gespräche sind, ob nun mit Mitarbeitern oder völlig fremden Personen, um sich ein Meinungsbild für das weitere Vorgehen zu schaffen.

2. Entscheidungsgrundlage schaffen – Konzept / Roadmap erstellen

Lassen Sie mich an dieser Stelle noch einmal betonen: Die Punkte, die ich Ihnen in diesem Kapitel vorstelle, anhand derer Sie ins Handeln kommen sollen, lassen sich nicht immer klar voneinander abgrenzen. Manchmal gehen die Punkte auch nebeneinander her und müssen, oder besser, sollten parallel erledigt werden.

Sie werden das an dem Beispiel, das ich für diesen Punkt, die Roadmap, ausgesucht habe, sehen: Der Bekannte, um den es geht, plante einen Umzug. Etwas eigentlich Privates, aber es war viel zu tun, und so klärte er verschiedene Punkte, die auf seiner To-do-Liste auftauchten, immer wieder in Gesprächen ab. Er kam also von der Planung immer wieder in die Kommunikation. Das ist auch etwas ganz Normales.

Es gibt keine festgelegte Struktur für die »5 Wege zum Machen«

Nehmen Sie das Wort Roadmap selbst: Im Grunde bedeutet das nichts anderes als eine Straßenkarte. Sie müssen also herausfinden, wie Sie von A nach B kommen, und sich gewissermaßen für Ihren Weg zum Ziel eine Route überlegen. Ähnlich wie bei Google, wo man sich auch aussuchen muss: Will ich von Hamburg nach München mit dem Zug? Mit dem Auto? Oder gar mit dem Fahrrad?

Das ist auch der zweite wichtige Punkt, bevor man eine Idee zu einer Tat werden lässt, also ins Handeln kommt: Teilen Sie die Straße zum Ziel in Etappen ein. Suchen Sie keine Gründe mehr, etwas nicht zu tun, und auch nicht nur, um sich selbst zu überzeugen. Finden Sie Gründe, mit denen Sie auch *andere* davon überzeugen können, dass das, was Sie vorhaben, das Richtige ist. Zeigen Sie anderen den Weg, und damit nicht zuletzt sich selbst.

Suchen Sie keine Gründe mehr, etwas nicht zu tun.

Stellen Sie sich vor, Sie wollen Ihrem Chef eine neue Webseite vorschlagen, dann ist als Entscheidungsgrundlage eine Roadmap Gold wert. Sie enthält die einzelnen Teilschritte, die Kosten pro Abschnitt und den Zeitplan. Anhand der Roadmap bekommt der Chef einen Überblick und damit ein besseres Gefühl für das Projekt. Es wird greifbarer. Auf dieser Basis kann er besser entscheiden.

Der Geschäftsfreund, von dem ich bereits im 2. Kapitel berichtet habe und der nach langem Hin und Her nach Österreich ausgewandert ist, ist ein gutes Beispiel. Da er mir in den Jahren vor seinem Umzug immer wieder davon erzählte, dass er gern in der Alpenrepublik leben wolle, interessierte mich natürlich sehr, wie er das alles letztendlich doch in die Tat umgesetzt hatte. Immerhin war er irgendwann vom Reden ins Handeln gekommen. Und für die Erstellung einer Roadmap ist er geradezu ein Paradebeispiel. Durch das Aufstellen eines Plans gewann er einen genauen Überblick, wann was zu erledigen ist, wie Ab- und Anmeldungen, Umzugswagen bestellen oder Geschäftliches für den Umzug vorzubereiten. Er wusste, die Vorbereitung dauert etwa 4 Monate, kostet X Euro. Er konnte entscheiden: machen – oder nicht?

Nur ein Ziel zu haben, reicht fürs Handeln nicht aus

Einigen ist die TV-Doku »Good bye Deutschland« bestimmt ein Begriff. In dieser Serie geht es um Menschen, die Deutschland verlassen, um in einem anderen Land zu leben. Das ist ihr erklärtes Ziel. Manche haben eine gewisse Vorstellung, was sie wie machen, wo sie wohnen wollen und wie sich ihr neues Leben gestalten soll. Mal ehrlich: Bei den meisten hat es den Eindruck, dass sie gar keinen Plan haben, was sie erwartet und auf was sie sich einstellen müssen. Nur ein Ziel zu haben, reicht eben nicht aus. Es gehört mehr dazu, damit man keinen Schiffbruch erleidet und sich der Erfolg einstellt. Das gilt für das Privatleben ebenso wie für das Geschäft.

Im Falle des Unternehmensberaters betraf es beide Bereiche, denn mit dem Umzug nahm er nicht nur seine Familie mit, sondern auch sein Geschäft. Wie ich später aus den Gesprächen erfuhr, bereitete er sich akribisch vor. Schon Jahre vor dem Umzug informierte er sich während seiner Urlaube in Tirol immer wieder über das allgemeine Leben dort: Wie hoch sind die Mieten, was kostet der Lebensunterhalt, wie stehen die Auftragschancen für ihn selbst, wie für seine Frau, wie sieht es auf dem Arbeitsmarkt generell aus?

> Das gilt für das Privatleben ebenso wie für das Geschäft.

Nachdem sich langsam ein ungefähres Bild ergab (Gespräche führen), überlegten er und seine Frau sich konkret, wo sie leben und arbeiten wollten. Sie hatten schon aus den diversen Gesprächen herausgehört, dass es Unterschiede zwischen den Bundesländern und den jeweiligen Bezirken (Kreisen) gibt. Beide waren sich auch bewusst, dass dieses Vorhaben Geld kosten wird. Sie machten eine Bestandsaufnahme, überlegten grob, was sie zum Leben brauchen und wie viel Reserve sie einzuplanen haben, falls die Dinge nicht nach Plan laufen. Erst als sie sich sicher waren, genügend Kapital für diesen Schritt zu haben (das ergab sich aus der Roadmap), fiel der generelle Entschluss für den Umzug und für die Region, in der sie künftig leben wollten. Die Familie plante von dieser Entscheidung an sogar die Zeit, in der alles geschafft sein sollte. In sechs Monaten sollte alles erledigt sein: Die Abwicklung der alten und der Einzug in die neue Wohnung, die Geschäftsaufgabe und die Neugründung, kurz: das Leben an einem Ort beenden, am anderen neu anfangen. Das alles zusammen bildete die Entscheidungsgrundlage.

Entscheidungsgrundlage, Strategiepapier, Konzept: Nenne es, wie Du willst.

Ob wir eine neue Software einführen wollen, einen neuen Markt erschließen möchten, die Vertriebsakademie für den Nachwuchs dem Chef vorstellen wollen – überall hilft eine Roadmap Ihnen selbst und vor allem (meist involvierten) Dritten, die Pläne nachzuvollziehen, zu verstehen und entscheiden zu können. Da Sie häufig nie alleine das Zepter in der Hand haben, muss Ihnen klar sein, dass immer jemand Ihre Gedanken nachvollziehen muss. Sei es der Chef, dem Sie ein Thema vorschlagen, das er freigeben muss – oder der Kunde, den Sie von einer Vertriebsstrukturierung überzeugen möchten.

Ganz ehrlich: Wenn mir jemand eine Vertriebsstrukturierung vorschlägt – was soll ich beauftragen? Ein Konzept (inkl. Ablauf, Kosten etc.) ist notwendig, um Nachvollziehbarkeit zu gewährleisten. Ein solches Papier ist viel mehr, es ist eine Verkaufsunterlage für Ihr Vorhaben. Ohne dies kann nichts entschieden werden. Also: Machen Sie stets Ihre Hausaufgaben.

Die Grundlagen: Analysen, Recherchen, Reflexionen

Zurück in die Alpenregion: Natürlich kamen nicht alle Antworten sofort, und sie kamen meinem Geschäftsfreund auch nicht, wie man so schön sagt, im Schlaf. Wenn er eine Frage nicht selbst oder durch gesunden Menschenverstand beantworten konnte, suchte er sich Leute, die ihm die entsprechende Auskunft geben konnten.

Durch Recherchen im Internet fand er heraus, dass es Foren gab, in denen sich deutsche Auswanderer nach Österreich austauschten. Hier fand er eine Reihe hilfreicher Informationen. Ein Beispiel waren Bücher, die Tipps zum Leben in Österreich gaben. Anhand dieser Hinweise erstellte er eine Excel-Tabelle, wann was zu welchem Zeitpunkt zu erledigen ist. So fragte er beispielsweise bei einigen Umzugsunternehmen an, welche Kosten er zu erwarten habe, was er beim Transport beachten muss und welche zeitliche Abfolge einzuhalten ist. Diese Informationen trug er in seine Tabelle ein. Daraus resultierten weitere Maßnahmen.

Natürlich hatte das auch für seine Familie Folgen. Seine Frau musste ihren Job kündigen, die Kinder von der Schule abgemeldet werden, Versicherungen und die Krankenkasse gekündigt werden. Und das war ja nicht alles, es gab noch viele andere rechtliche und freiwillige Verpflichtungen, die entweder geändert oder abgeschlossen werden mussten.

Aber: Mit jedem dieser Schritte wurde Neues notwendig. Wer sich abmeldet, muss sich irgendwo anmelden. Gleiches galt für sein Geschäft. Er führte zahlreiche Telefonate, schrieb E-Mails und holte sich Informationen aus den Foren. So einiges läuft in Österreich anders als in Deutschland. Ein wesentlicher Anlaufpunkt für den Start in die Selbstständigkeit in Österreich war die dortige Wirtschaftskammer (WKO).

Den Überblick durch Visualisierungen behalten

Mein Geschäftsfreund ließ nicht locker. Jede kleinste Information wurde in seiner Excel-Tabelle erfasst. Neue Informationen bedingten aber auch teilweise eine Umstellung des Plans. Das Ziel veränderte sich bei all dem nicht, aber unter Umständen der Weg dorthin. Das Reisebeispiel zu Anfang des Buches, Sie erinnern sich: Wenn Sie mit dem Rad nicht weiterkommen, müssen Sie vielleicht ein oder zwei Stationen mit der S-Bahn fahren. Jede Kündigung, jeder abgehakte Punkt in der To-do-Liste bedingte eine neue Verpflichtung oder Aufgabe. Ein Schritt nach dem anderen ergab den Weg.

Das Gute daran war: »Man müsste mal ...«, also der Konjunktiv, war ab einem bestimmten Zeitpunkt nicht mehr möglich. Das Abschieben von Verantwortung, ein Zurücklehnen oder gar Aussteigen war irgendwann keine Option mehr. Vielleicht könnte man auch sagen: Es gab kein Zurück mehr. Es gab nur noch: Wir machen. Ein paar Wochen vor dem Stichtag ist es eben nicht mehr möglich, Dinge per Telefon oder Mail zu erledigen oder gar zu delegieren.

> **Ein Schritt nach dem anderen ergab den Weg.**

Mein Geschäftspartner musste sich vor Ort in seiner neuen Heimat um wesentliche Sachen kümmern. Wieder führte er Gespräche, holte Erkundigungen ein und fällte Entscheidungen. Je konkreter alles wurde, desto mehr kam er ins Handeln. Eine Wohnung wurde zum Umzugstag angemietet, die Gewerbeanmeldung beantragt und Rechtliches wie die Krankenversicherung in die Wege geleitet. Während die Familie die Einrichtung der alten Wohnung in Umzugskartons verstaute, organisierte der Unternehmensberater auch den geschäftlichen Umzug. Er informierte seine Kunden über den Schritt, über das, was sich ändern wird, und begann parallel gleich mit der Akquise am neuen Wohnort. Gerade der letzte Punkt ließ kein »man müsste mal ...« zu, denn er wusste, dass er einige seiner alten Kunden verlieren würde – und die mussten ja ersetzt werden, wollte er am neuen Wohnort Erfolg haben.

Irgendwann gibt es kein Zurück

Das war übrigens der gerade oben erwähnte Zeitpunkt: der »Point of no Return«. Es ging irgendwann einfach nicht mehr anders – es musste etwas getan werden. Etwas, das man eigentlich bis zum sogenannten »letzten Moment« noch aufschieben wollte. Doch Sie werden feststellen: Dieser Zeitpunkt kommt oft viel früher, als man glaubt. Und das ist etwas Gutes, denn es bedeutet, Sie sind ins Handeln gekommen!

Schließlich kam der Tag des Umzugs. In nur 16 Stunden waren der Umzugs-LKW beladen, die alte Wohnung an den Vermieter übergeben, die Fahrt nach Tirol erledigt, die neue Wohnung in Empfang genommen, der Umzugswagen entladen und die Wohnung halbwegs eingerichtet. Am darauf folgenden Tag erfolgte die endgültige Anmeldung beim Einwohnermeldeamt, das Freischalten des Telefons und des Internets sowie weitere Dinge, die nur vor Ort möglich waren. Man kann sagen, dass in nicht einmal einer Woche der Umzug abgeschlossen war und mein Geschäftspartner nach kurzer Unterbrechung seine geschäftlichen Verpflichtungen wieder aufnahm.

Dass alles so reibungslos funktionierte, lag daran, dass er sich anfangs seine Strategie, seine Roadmap, genau zurechtgelegt und alle Informationen gesammelt und aufgeschrieben hatte. Er hatte eine Entscheidungsgrundlage, konnte wählen und er entschied sich für Weitermachen – und die Roadmap half als Orientierung bei der Umsetzung.

Dadurch konnte er gezielt fragen und weitere Informationen einholen. Das wiederum bildete die Basis für neue Entscheidungen und brachte ihn automatisch ins (entscheidende) Handeln: Sich von der deutschen Krankenkasse abzumelden, zwang ihn regelrecht dazu, sich und seine Familie in seiner neuen Heimat zu versichern. Solche Dinge kann man nicht halbherzig machen. Ein »Man müsste sich mal krankenversichern« gibt es schließlich nicht. Bei solchen Dingen besteht keine Option. Auch ein Hin und Her wäre nicht möglich.

Je mehr Informationen man also bekommt, desto klarer wird der Weg zum Ziel. Sie verschaffen sich mit dem Sammeln und Aufschreiben der Informationen zu einem Thema ein Maß an Sicherheit.

Egal, ob Umzug, Produkteinführung, Erschließung eines neuen Marktes mit einer neuen Business Unit – bereiten Sie einen Schlachtplan auf, der Ihnen Orientierung gibt und als Entscheidungsgrundlage dient.

3. Der Eigen- & Fremdbildabgleich

Warum macht man einen Eigen- & Fremdbildabgleich und warum ist dieser wichtig? Damit man weiß, wo man steht, werden Sie mir sagen, richtig? Dennoch ist uns häufig nicht bewusst, wie wir wahrgenommen werden. So stellte ich vor einiger Zeit fest, dass mich viele nur als Vortragsredner im Kopf haben. Dieses Bild habe ich selber gefördert, weil ich regelmäßig Fotos von meinen Vortragsveranstaltungen postete. Von Beratungen, Workshops oder Ähnlichem zu posten ist nicht so sichtbar. Warum? Weil Fotos vor 500 Menschen mehr Eindruck machen und im Kopf bleiben. Durch diese Wahrnehmung wurde übersehen, dass ich wesentlich mehr mache und dort auch mein Fokus liegt, wie Strategie oder marktorientierte Lösungen zu finden. Diese Erkenntnis gewann ich durch einen intensiven Eigen- & Fremdbildabgleich.

Bei Kunden mache ich das Gleiche. Das sind entweder zielgerichtete Gespräche, wo ich als Sparringspartner fungiere, oder es sind Klartext-Touren, bei denen ich mich mit für die Lösung relevanten Zielgruppen oder Personen auseinandersetze. Ich halte wenig von diesen klassischen Fragebögen, bei denen es drei bis fünf Möglichkeiten zum Ankreuzen gibt. Was soll das bringen, wenn man Kunden fragt, sind sie zufrieden oder nicht? Die Antworten lassen zu viel Spielraum für Interpretationen. Der Grundgedanke solcher Fragebögen ist ja richtig, aber ich erhalte aus Fragebögen nur quantitative Aussagen ohne einen qualitativen Aspekt.

Ein Eigen- & Fremdbildabgleich wird sinnvoll durch eine neutrale Person durchgeführt. Sie bekommt ein ehrliches Feedback, ist autorisiert, die Ergebnisse an Entscheider zu berichten, und es ist ein klares Signal, eine Wertschätzung, an Partner und Mitarbeiter: Es soll etwas bewegt werden.

Vor sechs Jahren habe ich einen großen Markenrelaunch für einen Kunden (Umsatz 400 Mio. Euro) verantwortet. Dazu wollte ich ein Gefühl für den betreffenden Markt haben und wissen, wie die Mitarbeiter denken. Daraufhin machte ich eine »Befragungstour«. Aus diesem Projekt und den gewonnenen Erfahrungen entwickelte ich die »Klartext-Tour« – eine Systematik (oder ein Produkt) zum Eigen- & Fremdbildabgleich für Unternehmen. Auf dieser Basis gründete ich schließlich das Institut für Wachstumschancen & Innovationen (www.iwci.de).

> Es soll etwas bewegt werden.

Das IWCI macht keine Befragungen im »1-bis-5-Stil«. Es werden Eigen- & Fremdbildabgleiche durch eine Klartext-Tour durchgeführt. Das kann gesamtheitlich das Unternehmen betreffend sein oder beispielsweise mit einem Personalleiter, der wissen möchte: Sind die Mitarbeiter zufrieden, wieso sind alte Mitarbeiter gegangen oder wieso bewerben sich so wenige neue? Was ist gut, was ist schlecht und was kann geändert werden? Wir als neutrales Institut identifizieren die Baustellen, legen den Finger in die Wunde und zeigen mittels Roadmap konkrete Lösungswege auf. Wir adaptieren Transferwissen und Innovationen aus anderen Branchen – was geht, was geht nicht.

So gingen wir vor einiger Zeit bei einem Kunden aus dem Bereich IT-Beratung vor. Das Unternehmen war bereits seit Jahren auf dem Markt. Als Marke wurde es jedoch nicht wahrgenommen. Projekte wurden je nach Anfrage abgewickelt, jedoch war ein Unternehmensziel nicht zu erkennen. Es lief eben – irgendwie. Das Thema »Ausschreibungen« und systemischer Vertrieb waren ebenso Baustellen. Weil es eben »irgendwie« lief, wurden diese Themen nie hinterfragt.

Es stellte sich nach ersten Meetings mit dem Kunden heraus, dass er uns keine genauen Antworten auf Fragen wie: »Ist das Unternehmen bereits eine Marke?«, »Wie werden die Firma und ihre

Leistungen von den Kunden wahrgenommen?«, oder »Wird man vielleicht in eine falsche Schublade gesteckt?«, geben konnte. Man wusste es einfach nicht. Ebenso konnte man uns nicht sagen, welche Zielgruppe sie erreichen wollten. Beim Einkauf der angebotenen Leistungen musste das Top-Level mit einbezogen werden. Das sind Schlüsselpositionen.

Zur Problemlösung erstellten wir eine Roadmap, an deren Ende die Entwicklung einer Marken- und Vertriebsstrategie inkl. einer Story und ein einheitliches, unverwechselbares CI stand. Der Eigen- & Fremdbildabgleich spielte dabei eine zentrale Rolle. Zunächst führten wir qualitative Interviews mit 15 Mitarbeitern durch. Dann folgten 1:1-Interviews mit Topmanagern und CIOs von DAX- und MDAX-Unternehmen (witzig: Die CIOs nahmen sich Zeit, obwohl das Unternehmen, für das wir das Gespräch führten, i. d. R. nur einer von vielen Dienstleistern ist. Stichwort: Wertschätzung). Dabei stellte sich heraus, die IT-Firma war beispielsweise im Bereich des Projektmanagements ein Begriff, dass es in der Beratungsfirma Experten für den Aufbau einer IT-Architektur gab, war hingegen unbekannt. Weil wir das in unseren Interviews erwähnten, kam es daraufhin in einem Fall zu einer Testanfrage. Schon allein aus diesem Gesichtspunkt hatte sich die »Klartext-Tour« für den Kunden gelohnt. Er verdiente 80.000 Euro durch unser indirektes »Ins-Spiel-bringen«. Gespräche können helfen.

Schließlich fassten wir alle Aussagen zusammen, bewerteten sie, identifizierten Wachstumschancen, stellten Lösungen und die notwendigen Prozesse dar (Entscheidungsgrundlage aufbereitet). Es wurde dabei beispielsweise deutlich, dass die Lebensläufe, die bei Ausschreibungen gefordert sind, austauschbar und wenig aussagekräftig waren. Als Lösung stand damit fest, die Unterlagen und auch die Lebensläufe anders aufzubereiten, weil die Entscheider nicht nach einem stumpfen Schema entscheiden, sondern nach Persönlichkeit – wer hat das Zeug, Lösungen anzubieten. Aus allen Erkenntnissen und Bewertungen erarbeiteten wir schließlich eine neue Markenstrategie, mit der das IT-Unternehmen nun erfolgreich am Markt unterwegs ist. Ohne Eigen- & Fremdbildabgleich wäre das in der Form nicht möglich.

Ähnlich ging ich bei einem deutschen Traditionsunternehmen im Konsumgüterbereich vor, das zu den »Marken des Jahrhunderts« gehört.

»Wir sind die Besten und jeder kennt uns!«, war die Einstellung des Unternehmens. Mit dieser Haltung argumentierte man, wenn es z. B. um mögliche Neuerungen ging. Vielleicht mag es so vor Jahren gewesen sein. Doch Märkte verändern sich und es stellte sich die Frage, ob diese Annahme noch berechtigt ist. Sind andere Hersteller besser geworden? Hat der Wettbewerb aufgeholt? Wenn ja, sind dann noch das Marketing und der Vertrieb zeitgemäß?

Um ein genaues Bild zu bekommen, wie diese Firma wahrgenommen wird, führte ich eine »Klartext-Tour« durch – Interessenten, Kunden, Mitarbeiter im B2C- & B2B-Sektor sowohl national als auch international (bis Japan und Südafrika). Mit einem Eigen- & Fremdbildabgleich über alle Ebenen bei Kunden und Nicht-Kunden wollten wir den tatsächlichen Status spiegeln. Ziel war es, Schwachstellen zu identifizieren, Potenziale aufzudecken und konkrete Handlungsempfehlungen zu formulieren.

Der Eigen- & Fremdbildabgleich war umfangreich. Bei den Endkunden wurde deutlich, die Marke – Sie erinnern sich: Wir sind die Besten und uns kennt jeder – zeigt ein zweigeteiltes Bild. Ab der Altersgruppe ab 40 Jahren war die Marke noch bekannt, aber darunter kaum.

Der Eigenabgleich bot ebenfalls kein zuversichtliches Bild. Es herrschte eine schlechte Stimmung unter den Mitarbeitern. Das drückte sich auch darin aus, dass in der Produktion teilweise keine Arbeitskleidung getragen wurde. Man zog eben das an, was man für richtig hielt. Abgesehen vom Arbeitsschutz demonstrierte das eine fehlende Identifikation mit dem Betrieb. Nach Auswertung aller Ergebnisse wurden außerdem Schwachstellen im E-Commerce deutlich, ein Produkt-Informationsmanagement fehlt, war aber in Planung, und das Marketing musste überarbeitet werden. Es hatte sich also viel getan und das alte Bild des Unternehmens war deutlich verblasst.

Die Klartext-Tour sorgte für ein Umdenken und eine Entscheidungsgrundlage. Das Marketing wurde offensiv hinterfragt und entsprechend neu ausgerichtet, so wie es für den Markt und für die Zukunft des Unternehmens notwendig ist. Der Eigen- & Fremdbildabgleich war der Ausgangspunkt für die anderen Grundsätze, wie erste Gespräche führen, Entscheidungsgrundlagen aufbereiten, Verbindlichkeiten schaffen und schließlich Entscheidungen treffen.

Der Eigen- & Fremdbildabgleich ist nicht nur etwas, was größere oder große Unternehmen betrifft. Auch Kleinbetriebe sollten ihn durchführen, wenn sie nicht weiterkommen – oder als Abgleich des Status quo, um herausgefordert zu werden: Ein befreundeter Kollege berichtete mir vor einiger Zeit von einem Fall, bei dem der Betrieb kurz vor dem Aus stand. Es handelte sich um eine Berghütte. Nun mag man denken, klar, wenn diese abgelegen ist, dann läuft es eben nicht. Das war hier ganz und gar nicht der Fall. Diese Hütte liegt äußerst günstig. Zum einen ist sie leicht aus dem Tal zu erreichen – also ein gutes Ziel für Familien mit Kindern oder ältere Menschen. Zum anderen liegt sie auf einem Wanderweg, der zwei weitere Hütten miteinander verbindet. Dennoch stand es nicht gut.

Die Klartext-Tour sorgte für ein Umdenken und eine Entscheidungsgrundlage.

Mein Bekannter war öfter dort und kam mit dem Hüttenwirt ins Gespräch. Zu hören war: »Man müsste mal etwas am Nachtlager machen, eine Kletteranlage für Kinder errichten, gemütliche Hüttenabende machen und so weiter.« Erstaunlich war, dass der Wirt seinen Betrieb mit anderen Hütten verglich: Die eine macht Grillabende, die andere hat Hüttenmusik oder der auf der gegenüberliegenden Seite des Berges ist eine Kooperation mit einem Hüttentaxi eingegangen. Dieser Mann war also schon im Eigen- & Fremdbildabgleichmodus, nur war ihm das nicht bewusst. Obwohl er schon »intuitiv« einen Schritt auf den »5 Wegen zum Machen« eingeleitet hatte, kam er nicht ins Handeln, weil er das gar nicht realisierte.

Druck von außen kann auch zum ersten Schritt führen

Mein Kollege sprach den Hüttenwirt offen an und fragte ihn, ob er wisse, wo er stehe und wie es um seinen Betrieb stünde? Zögerlich kam ein »gar nicht gut«. Diese Erkenntnis rührte hauptsächlich von der Durchsicht der Kontoauszüge her. Eine geraume Zeit blieb es bei dem Gespräch, bis eines Tages der Hüttenwirt meinen Bekannten fragte, ob er ihm helfen könne. Die Bank hatte dem Betreiber der Hütte erklärt, dass es nur einen frischen Kredit gäbe, wenn eine aussagekräftige Entscheidungsgrundlage vorliegen würde. Also: Ein Businessplan musste her. Und zu dem gehört der Eigen- & Fremdbildabgleich.

Zunächst wurde eine betriebswirtschaftliche Bestandsaufnahme gemacht, die ein finsteres Bild zeigte. Die Zahlen sahen alles andere als vielversprechend aus. Die Lage und das Potenzial der Hütte ließen aber einen Hoffnungsschimmer zu. Ein Aspekt des Abgleichs, der neben vielen weiteren sichtbar wurde, war die besondere Lage der Hütte. Im Gegensatz zu den anderen hatte die Hütte den ganzen Tag Sonne. Dieses Potenzial wurde nicht genutzt. Es gab nur eine Terrasse, obwohl eine zweite auf der anderen Seite des Gebäudes möglich war. Außerdem wurde ausgerechnet ein Raum, der nach Süden ausgerichtet ist, als Abstellkammer genutzt. Bei schlechtem oder kühlem Wetter hätten die Gäste hier noch immer einen guten Panoramablick. Das sind zwei Punkte, die Gäste lieben: Sonne und eine fantastische Aussicht. Dieses Potenzial, das sich andere Gastronomen bezahlen lassen, wurde nicht erkannt. Warum? Die Antwort ist relativ simpel. Für die Familie des Hüttenbetreibers waren Sonne und Panoramablick nichts Besonderes. Sie kannten es nicht anders und haben das nie mit dem Blick eines Urlaubers gesehen – Eigen- & Fremdbildabgleich.

Fatalerweise versuchte der Familienbetrieb, über besonders günstige Preise mehr Gäste zu bekommen. Eine Rechnung, die nicht aufging. Ein höherer Umsatz wäre nur durch das Ausschöpfen aller Potenziale möglich gewesen, z. B. eine zweite Terrasse und die Nutzung des Abstellraums. Jetzt musste aber bei kaum vorhandenen finanziellen Mitteln an mehreren Schrauben gleichzeitig gedreht werden. Davor war eine ganz entscheidende Hürde zu nehmen: das mangelnde Bewusstsein für die Situation und die ungenutzten Möglichkeiten.

Fakten schaffen die Basis für Entscheidungen

Es kam nach Auswertung der Ergebnisse zu einer sehr intensiven Nachbesprechung. Anhand der Fakten machte mein Freund dem Hüttenwirt klar, entweder er macht weiter wie bisher (mit der Folge, innerhalb der nächsten beiden Jahre schließen zu müssen) oder mit viel Eigeninitiative seine Möglichkeiten schrittweise auszubauen und auszuschöpfen. Um das zu stützen, war außerdem eine durchgängige Preiserhöhung um sieben bis zehn Prozent nötig. Die Auswertung war die Grundlage für Entscheidungen – und das Gespräch schaffte endlich das nötige Bewusstsein. Aufgeben kam für die Inhaberfamilie nicht infrage. Es hätte den Verkauf des Familienbesitzes bedeutet. Diese Entscheidung zog gleich eine zweite nach sich: Weitermachen – aber anders.

> Weitermachen – aber anders

Mein befreundeter Kollege definierte Ziele. Das waren u.a. die längst fällige Preiserhöhung, die gastronomische Entscheidung, den »Abstellraum« und die zweite Terrasse in Eigeninitiative auszubauen. Der Zeitpunkt für diese und andere Maßnahmen war günstig, denn es war vor dem Beginn der Sommersaison noch genügend Zeit zur Umsetzung. So wäre beispielsweise eine Preiserhöhung in dem Umfang bei laufendem Betrieb den Gästen gegenüber kaum zu rechtfertigen. Außerdem ist eine Baustelle unerfreulich, wenn man Sonne und Ausblick genießen will.

Durch die Schaffung einer Entscheidungsgrundlage folgten weitere Entscheidungen auf Basis einer Roadmap. Die Frage, wie die Umsetzung erfolgen sollte, leitete diverse Gespräche ein und schaffte Verbindlichkeiten. Der Hüttenwirt kam immer mehr ins Handeln. Auch die Bank spielte mit, durch die Förderungen möglich wurden. Für die baulichen Maßnahmen bekam er durch die Familie ebenfalls Hilfe. Was fehlte, war die letzte Entscheidung: einfach machen!

Gleich, ob Sie sich in einer komfortablen oder ungünstigen Situation befinden, ein Eigen- & Fremdbildabgleich lohnt sich immer. Er bietet die Basis entweder für eine Entscheidungsgrundlage oder den Anlass, Gespräche zu führen, um sich genauer zu informieren oder einen Standpunkt zu schaffen. Wiederholt hat sich gezeigt, wie nützlich es ist, Projekte, Sachlagen oder Prozesse von Zeit zu Zeit aus verschiedenen Blickwinkeln zu betrachten. Der Kreislauf der »5 Wege zum Machen« ist ein probates Mittel und führt als Konsequenz immer zum Handeln.

4. Verbindlichkeit schaffen – und Beziehungen aufbauen

Es ist gut und wichtig, Verbindlichkeit im Umgang mit anderen zu schaffen, außerdem sehr nützlich für einen konstruktiven Geschäftsalltag. Verbindlichkeit hat auch viel mit ersten Gesprächen zu tun.

Wer lachen will, sollte wissen, dass ich den ersten Workshop zu diesem Buch verkauft habe, bevor auch nur das erste Wort geschrieben war. Außerdem habe ich bereits Leuten erzählt, dass ich bald ein neues Buch veröffentliche, obwohl ich nicht einmal einen Autorenvertrag unterschrieben oder das Exposé formuliert hatte.

Was ich hatte, war ein vages Konzept. Ohne diese Verbindlichkeit gegenüber anderen (und somit gegenüber mir) hätte ich es wohl aufgeschoben. Ich habe eine Erwartungshaltung geweckt und musste damit rechnen, dass ich gefragt wurde: Wie weit bist du? Da muss ich schließlich antworten können, also fing ich an.

Wie schaut es denn im Alltag beispielsweise im Falle meines Autos für längere Strecken aus? Ich erzähle einem Freund: »Du, ich will mir einen größeren Wagen zulegen.« Bei dem entsteht dabei der Eindruck, der Multerer kauft sich demnächst ein Auto. Das ist zwar keine Verpflichtung, das auch zu tun, aber es ist schon eine gewisse Verbindlichkeit. Schließlich will ich nicht als Labertasche gelten, wenn ich zu häufig von Plänen erzähle, die ich dann nicht umsetze.

Bei Verbindlichkeiten geht es darum, konkret zu werden und keine Aussagen wie »Wir melden uns gegebenenfalls!«, »Wir sollten einen Termin vereinbaren« oder »Man müsste mal die Abteilung neu strukturieren« zu treffen. Verbindlichkeiten wecken Erwartungen und fördern Bereitschaft, etwas zu unterstützen, bei etwas anzupacken oder sich auf etwas Neues einzulassen. Es ist daher sinnvoll, konkret zu denken. »Ja, treffen wir uns zu einem Gespräch, und zwar würde es mir nächste Woche Mittwoch um 11 passen. Einverstanden?« Und schon haben Sie den anderen festgenagelt – und stehen selbst unter Zugzwang, sich auf diesen Termin einzustellen und vorzubereiten. Außerdem werden Irritationen vermieden. Wir treffen uns nächsten Mittwoch, ist eine klare Ansage.

> Verbindlichkeiten wecken Erwartungen und fördern Bereitschaft.

Verbindlichkeit ist in diesem Fall nicht nur für Sie und die Verwirklichung Ihres Vorhabens wichtig (und damit auch ganz automatisch dafür, dass Sie vom Darüber-Nachdenken ins Handeln kommen), sondern auch für Ihr Gegenüber. Denn wie in den vorigen Punkten anklang, sind Ihre Kollegen ebenfalls wichtig. Oder anders ausgedrückt: Die Leute, auf die Sie angewiesen sind, wenn Sie das Projekt erfolgreich umsetzen wollen.

Verbindlichkeiten erfordern Klartextkultur

Diese Menschen in Ihrem Umfeld sind wichtig, zu ihnen müssen Sie eine Beziehung aufbauen. Das fängt schon bei der Urlaubsplanung an. Das Reisebüro wird Ihnen keine Reise buchen, wenn Sie es schon nicht schaffen, einen Termin zu nennen, zu dem Sie fliegen/fahren/kreuzfahren wollen. Oder können – bei vielen wird das vom Dienstplan, also den Kollegen und dem Chef abhängen, der den Urlaub genehmigen muss und der mehr zu berücksichtigen hat als nur Ihre Wünsche.

Und ganz privat: Auch an Ihrer Beziehung werden Sie allein nichts ändern können. Sie brauchen einen Partner, der mitzieht und die Veränderung ebenfalls will. Im Idealfall auf die gleiche Weise wie Sie selbst – doch es wird sich ganz sicher nichts ändern, wenn der andere mit Ihren Vorstellungen und versteckten Aussagen nichts anfangen kann. Auch hier gilt: Werden Sie konkret: Reden Sie Klartext und nicht um den heißen Brei herum. Das kann im ersten Augenblick etwas seltsam wirken, zugegeben, aber das eigene Anliegen aus falsch verstandener Scham oder nicht angebrachter Rücksichtnahme zu verschleiern, nutzt nichts. Aus solchen Situationen entstehen nur Missverständnisse, die keinem etwas nutzen und einer Klärung der Sachlage eher schaden.

> **Wer duschen will, muss das Wasser anstellen.**

Im Geschäftsleben ist Verbindlichkeit das A und O der Kommunikation – und wie wichtig die wiederum ist, habe ich Ihnen ja schon auseinandergesetzt. Und aus meiner Erfahrung heraus kann ich Ihnen klipp und klar sagen, dass die Verbindung von beidem die Basis jeglichen Erfolgs ist.

Einen Satz, der super ist, sich bei mir festgesetzt hat und Verbindlichkeit bildhaft verdeutlicht, lautet: Wer duschen will, muss das Wasser anstellen – darf sich aber nicht wundern, wenn er nass wird.

Wenn ich Marktführer werden will, muss ich dafür arbeiten, investieren und planen – darf mich aber nicht wundern, wenn es nicht ganz ohne Blut, Schweiß, Geld und Tränen funktioniert.

Von der Verbindlichkeit, Marktführer zu werden

Ein schönes Beispiel ist der Werkzeughersteller STAHLWILLE in Wuppertal, ein langjähriger Kunde von mir. Im Bergischen Städtedreieck sind Werkzeughersteller nicht gerade selten, um es höflich auszudrücken. Das Unternehmen selbst ist sich dessen mehr als bewusst, im Bergischen hat man die Konkurrenz buchstäblich vor der Haustür. Allein in Wuppertal, nur wenige Hundert Meter vom Firmengelände entfernt, befinden sich Knipex Zangen, Julius Berger Schneidewerkzeuge, Wera Schraubwerkzeuge und Picard Hämmer. Ganz zu schweigen vom kaum 30 Kilometer entfernten Solingen, dem Sitz der weltberühmten Henkels Zwillingswerke, deren Kerngeschäft zwar eher in Schneidwerkzeugen besteht, aber dennoch der gleichen Branche angehört. Alle sind mehr oder weniger international tätig.

Sich im Markt zu behaupten und auf einem Gebiet der wahrgenommene Marktführer zu werden, ist also nicht ganz einfach. Die Hürden auf dem Weg dorthin sind hoch.

Als Winfried Czilwa, der Geschäftsführer, vor rund vier Jahren bei STAHLWILLE anfing, musste er nach eigenen Angaben morgens, wenn ihm die Auftragseingänge vorgelegt wurden, tief durchatmen. Guter Umsatz sah anders aus. Zurücklehnen und Nichtstun ist keine sinnvolle Option. Erfolgreiche Entscheider hegen selten solche Gedanken.

STAHLWILLE stellt mit seinen 600 Mitarbeitern hochwertige Handwerkszeuge für namhafte Kunden aus Luftfahrt, Transport, Energie und Industrie her und vertreibt sie weltweit. Aufgrund von Turbulenzen in der Führung, aber auch durch das Fehlen einer klaren Ausrichtung und Strategie hatte das Unternehmen im Jahr 2013 nur noch stagnierende Geschäftsverläufe zu verzeichnen. Die beim Anwender bekannte und starke Marke STAHLWILLE wurde nicht mehr durch Innovationen und Neuheiten nach vorne getragen. Es musste also etwas passieren! An dieser Stelle möchte ich nur kurz auf das Beispiel eingehen, da ich es in Kapitel 4 vertiefe. Wie schafft man es nun wieder, auf den rechten Weg zu kommen?

Verbindlichkeiten zwingen zum Handeln

Etwas in den oberen Führungsebenen zu beschließen, was die gesamte Firma direkt betrifft, gerade wenn es um eine neue Strategie geht oder um Strukturierungsmaßnahmen, ist eine Sache. Wichtig ist bei solchen tiefgreifenden Beschlüssen, dass vorher alle Mitarbeiter einbezogen werden. Schließlich muss das von allen getragen werden, sonst verpuffen die besten Maßnahmen.

Anhand der »Klartext-Tour« wollten wir nicht nur Stärken und Schwächen identifizieren, wir wollten außerdem alle in den Prozess einbinden. Das waren neben Kunden und Partnern auch die verschiedenen Ebenen des Unternehmens. Anhand der Aussagen und Ergebnisse wurde eine Strategie entwickelt. Besonders das Einbinden der Mitarbeiter war wichtig, weil dadurch auch Verbindlichkeiten und Bereitschaft geschaffen wurde. Nur wenn alle die Notwendigkeit einer neuen Ausrichtung verstehen, nicht das Gefühl aufkommt, ausgeschlossen zu sein, wird die neue Strategie von allen auch getragen. Die Verbindlichkeit auf allen Ebenen sichert schließlich die Umsetzung und damit das Ins-Handeln-kommen. Ein Zurück oder eine Blockade gibt es dann nicht mehr.

Ein Freund, Bernd Lietke (von ihm werden Sie am Ende dieses Kapitels noch ein längeres Statement zu diesem Thema lesen), ist der Ansicht, dass ohne die Mitarbeiter jedes Projekt zum Scheitern verurteilt ist. Lietke ist Geschäftsführer der Königlichen Porzellanmanufaktur in Berlin. Ein Traditionsunternehmen, das älter ist als wir alle zusammen, das ganz auf das Engagement und das Interesse der Mitarbeiter angewiesen ist. Sie müssen hinter dem Projekt, dem Plan, der Veränderung, dem Vorhaben stehen, sonst bleibt alles im Ansatz stecken.

Eine Kette ist nur so gut wie das schwächste Glied

Es sind die Mitarbeiter, die das Ruder in Wirklichkeit in der Hand haben. Ich als Führungskraft muss Verbindlichkeit provozieren und aktiv Zusagen einfordern. Ein Kapitän kann die Galeere nicht allein rudern, geschweige denn anhalten. Wenn die Ruderer weiterpaddeln, dann fährt auch das Schiff weiter, da kann der Kapitän auf dem Oberdeck schreien, was er will. Auch Gas geben kann er dann nicht. Er kann höchstens bestimmen, wohin sie fährt. Wie schnell er dort ankommt, liegt dann aber wieder in der Hand der Leute, mit denen er zusammenarbeitet.

> Ein Kapitän kann die Galeere nicht allein rudern.

Verständigen Sie sich, bildlich formuliert, auf das Ziel Karibik und möchten es in 14 Tagen erreichen, bedeutet das 20 Stunden Rudern pro Tag mit einer Geschwindigkeit von 5 km/h, dann brauchen Sie das Commitment Ihres Teams, um es gemeinsam zu schaffen. Dafür müssen Sie vorher erklären, warum Sie in die Karibik wollen – und so schnell?

Eine Unternehmensführung kann viel entscheiden. Wenn die Mitarbeiter nicht mitziehen, ist es umsonst. Sie sollten also auf alle Fälle dafür sorgen, dass die Beziehungen zu Ihren Kollegen stimmen, wenn Sie ein Vorhaben umsetzen wollen. Beziehungen und Verbindlichkeiten einzugehen, ist dabei ein Faktor, den Sie nicht außer Acht lassen sollten. Das gilt für alle Projekte, Vorhaben oder private Pläne.

5. Entscheidungen treffen – einfach anfangen

Achtung, Entscheidungen stehen an! Wer jetzt, wie sonst, die Biege machen möchte, nur zu: Buch zuklappen, in den Kamin werfen und fertig.

Alle anderen mutigen Entscheider unter Ihnen – weiter geht's: So leicht sich das sagt – »eine Entscheidung treffen« –, so schwierig ist es für viele von uns. Ich habe immer das getan, was ich für richtig gehalten habe, was nicht immer richtig sein muss – mein Bauchgefühl ist ein gutes Navigationsgerät. Als ich meine Ausbildung zum Steuerfachangestellten nach dem zweiten Jahr abbrach, war das meine Entscheidung. Ich habe mich nicht lange mit Gedankengängen aufgehalten wie: »Man müsste mal die Ausbildung abbrechen, um etwas anderes zu machen.« Ich habe überhaupt nicht lange überlegt.

Fakt ist, irgendwann erkannte ich für mich, diese Lehre bringt mich nicht weiter und füllt mich nicht aus. Fachlich gesehen habe ich dennoch einiges mitgenommen: Bilanzen lesen und verstehen, nachvollziehen, wie das Finanzamt tickt oder eben nicht – alles super. Damals war ich 16. Seitdem hat sich an diesem Prinzip nichts geändert. Ich wäre auch gar nicht so weit gekommen, hätte ich nicht immer direkte (damit meine ich zeitnahe) Entscheidungen getroffen und dann **intuitiv gehandelt**.

Das Drama um die Entscheidung

Viele Menschen tun sich schwer mit Entscheidungen. Da macht die Hausfrau keinen Unterschied zum Topmanager. Das simpelste Beispiel kann man jeden Tag im Restaurant erleben. Zwei Personen gehen essen, sie bekommen die Speisekarte und dann geht das Drama auch schon los. Stundenlang wird die Karte rauf und runter studiert und durchdiskutiert. Zwischenzeitlich taucht die Bedienung auf und möchte schon mal die Getränke aufnehmen. »Ach, ja, Getränke, was nehme ich denn nur – schon wieder eine Entscheidung!«, ist den Gesichtern abzulesen. Dann wird mit dem Gegenüber besprochen: »Was nimmst du?« – »Ich weiß noch nicht.« »Schau mal da drüben am Nachbartisch. Das sieht ja lecker aus, aber ich weiß nicht ... was ist denn da drin?«

So geht das einige Zeit hin und her. Und hier geht es nicht um eine Entscheidung von wirtschaftlicher Tragweite oder um Leben und Tod, was ein solches Hickhack ja durchaus rechtfertigen würde. Es geht um die Auswahl eines Essens.

Je größer und je vielfältiger das Angebot, desto mühsamer wird es, die richtige Wahl zu treffen. Aber was ist richtig? Bei mir ist es so, dass ich oft zwischen zwei Gerichten schwanke und erst aus dem Bauch entscheide, wenn die Servicekraft am Tisch steht. Vorher muss ich ja nicht entscheiden; aber zum **notwendigen** Zeitpunkt entscheide ich.

Im Supermarkt stehen im Kühlregal unzählige Joghurts der verschiedensten Marken mit zig verschiedenen Geschmacksrichtungen. Machen Sie sich beim nächsten Einkauf den Spaß und beobachten Sie die anderen Kunden mal bei ihrer Auswahl. Einige greifen zielsicher ins Regal. Die meisten aber stehen davor und können sich nicht entscheiden. Soll es der Joghurt von Marke X sein oder doch lieber der von Y? Hat man nun Lust auf Erdbeere, Zitrone oder Natur – und mit oder ohne Knusperecke?

> **Aber was ist richtig?**

Ach ja, dann kommt noch die Frage nach der Größe und die des Preises dazu. Zugegeben, es gibt viele Möglichkeiten und viele möchten ja auch gerne zwischendurch was Neues ausprobieren. Es muss ja nicht immer der Erdbeerjoghurt sein, vielleicht schmeckt ja auch Granatapfel so gut, dass er zum neuen Lieblingsjoghurt wird.

Das alles will sorgsam abgewogen werden, denn man möchte sich schließlich nicht falsch entscheiden.

Bloß nichts Falsches entscheiden – dann gar nicht, oder?

Das ist im Wirtschaftsleben nicht anders. Führungskräfte und Verantwortliche in leitenden Positionen müssen regelmäßig entscheiden. Das ist Teil ihres Jobs und ihrer Verantwortung. Der Alltag sieht jedoch anders aus, auch wenn das keiner zugeben mag. Entscheidungen werden oft – gar bis ins Unerträgliche – hinausgezögert, bis es zu spät ist oder man gar nichts mehr entscheiden muss. Praktisch für einen selbst, aber schlecht fürs Unternehmen. Und genau genommen auch für einen selbst, denn ... (Sie können es sicher schon mitsprechen) Nichts machen, macht nichts.

Denken Sie an meinen Spruch: Ich muss entscheiden, ob ich duschen will – oder nicht. Wenn ja, habe ich mit den »Konsequenzen« zu leben: Es kostet Geld (Wasser), es wird nass – und manche riechen danach gut (ob man das will?).

Zum einen liegt es daran, dass Entscheidungen eben auch bedeuten, Verantwortung zu übernehmen. Nun macht es sehr wohl einen Unterschied, ob man sich bei der Geschmacksrichtung eines Joghurts für 30 Cent vergreift oder mit der Entscheidung Hunderttausende von Euro versenkt.

Das Zögern in Unternehmen steht oft in Verbindung mit der Angst, einen Fehler zu machen. In manchen Fällen können Fehlentscheidungen in der Tat das Ende einer Karriere bedeuten. Die Presse greift das natürlich bei namhaften Unternehmen oder Persönlichkeiten gern auf. Dann steht der Betroffene nicht nur bei Kollegen und Vorgesetzten als Schwächling und Versager da, sondern wird noch öffentlich an den Pranger gestellt – Shitstorm ist das Modewort. Ein gutes Beispiel ist der ehemalige Vorstandsvorsitzende des VW-Konzerns, Dr. Martin Winterkorn. Erst wurde er für sein Ziel gefeiert, VW zur Nummer 1 unter den Automobilbauern zu machen. Doch dann kam es durch den Dieselskandal richtig dick, zu dem auch seine Entscheidungen führten.

Um also nicht unter die Räder zu kommen, werden erforderliche Beschlüsse aufgeschoben, gern auf andere abgeschoben oder »plausible« Gründe gefunden, warum man gar nichts entschieden hat. Sie erinnern sich? Wer will, der findet Gründe, und wer nicht will, erst recht. Genau deswegen sollten Sie ja auch Gründe suchen. Das funktioniert nahezu immer – allerdings nur bis zu einem gewissen Punkt.

Unternehmensberater als Alibi

Damit eine Führungsriege nicht wie eine Ansammlung kompletter Deppen aussieht, weil nichts passiert oder eine Fehlentscheidung getroffen wurde, bedient man sich in Teilen der Wirtschaft eines Ablenkungsmanövers. Eine ganze Branche lebt zum Teil davon, der andere Teil arbeitet produktiv. Die Rede ist von Unternehmensberatungen. Das Abschieben von Verantwortung (oder das Berufen auf andere) ist ein probates Mittel, das allgemein anerkannt ist – wer vermutet schon Entscheidungsschwäche, wenn man einen Unternehmensberater konsultiert –, am Ende muss trotzdem entschieden werden! Der Externe liefert Impulse, Einschätzungen und gibt Orientierung, die Entscheidung nimmt er nicht ab. Der Ball liegt immer noch bei dir, ob du willst oder nicht.

Das Vorgehen hat gewisse Vorteile. Nun will ich die Arbeit dieser Beratungsbranche nicht pauschal verurteilen, denn schließlich bin ich ebenfalls branchenübergreifend bei Kunden tätig – bin Sparringspartner; quasi Impulsgeber und Antrieb für Umsetzer.

Irgendwann liegt ein Papier oder eine Analyse vor, die eine oder gar mehrere Entscheidungen der Geschäftsleitung erfordert, denn die Handlungsempfehlungen müssen entschieden werden. Für den verantwortlichen Personenkreis bieten diese Entscheidungsgrundlagen/Roadmaps externer Berater eine sichere, vertretbare Basis für das weitere Vorgehen innerhalb des Unternehmens. Geht die Rechnung nicht auf und es wird eine Fehlentscheidung getroffen, ist man nur dem Rat der Consultants gefolgt. Die Schuld wird also bequemerweise abgeschoben.

Eine Entscheidung ist der zentrale Punkt, der auch zugleich der Beginn des Handelns oder des nächsten Schrittes ist. Sie ist etwas Endgültiges.

Ich kann jetzt entscheiden, dass ich Fitnesstrainer werde. Danach führe ich erste Gespräche, wie ich das angehen kann und was dafür notwendig ist. Mit dem Unterschreiben der Trainerausbildung provoziere ich bei mir Verbindlichkeit – und durchlaufe quasi alle genannten fünf Punkte. Egal, in welcher Reihenfolge.

Wenn ich ins Handeln kommen will, dann **muss** ich diese Punkte komplett durchlaufen – und Entscheidungen treffen. Die Entscheidung kann auch anders ausfallen, nämlich dass man etwas aus diversen Gründen nicht macht. Es wird dann aber selten heißen: »Hätte ich mal ...«, weil man weiß, **warum** man es zu dem Zeitpunkt nicht getan hat.

Ganz einfach, oder?

Neben dem Aspekt Angst – oder schwächer ausgedrückt: dem Zögern – sind Entscheidungen genauso eine Frage des Wollens. Oder besser: des Entscheidungswillens. Entweder ich will etwas oder ich will etwas nicht. »Man müsste mal ...« Das klingt kaum nach Entschlossenheit, eher nach Traumtänzerei.

Als Berater kann man den Prozess zum Entscheidungswillen fördern oder unterstützen. Dem geht jedoch der Wille zu einer Veränderung voraus.

Gute Marktbeobachtung zeigt Veränderungen rechtzeitig an

Vor einigen Jahren begleitete ich als Berater des Vorstands über zwei Jahre eine der führenden deutschen Mehrmarken-Autohandelsgruppen, die mehr als 20 Standorte in fünf Bundesländern unterhält. Der damalige Sprecher der Geschäftsführung stellte besorgniserregende Veränderungen im Retailbereich (also im Wiederverkauf) der Automobilbranche fest: Die einzelnen Händler verloren zunehmend ihre Identität. Immer häufiger werden Automarken nämlich über herstellereigene Niederlassungen vertrieben. Der Hersteller wird zum Händler. Damit wird der klassische Autohandel ausgeschaltet und der Hersteller mutiert vom Partner zu einem echten Wettbewerber. Das Thema hat an Aktualität nichts verloren. Im Gegenteil, es hat an Brisanz zugenommen, denn VW wird vielen seiner Vertragshändler die Zusammenarbeit kündigen oder hat das schon getan.

Jedenfalls führte diese Erkenntnis zu dem Entschluss: Wir müssen schnell handeln. Man kann auch sagen: Der Druck war entstanden und es wurde klar (wenn man weitsichtig war), es muss sich etwas bewegen.

Der Händler übersprang den Satz »Man müsste mal …« gleich, dazu war die Lage zu dringend. Ich erarbeitete eine Entscheidungsgrundlage, nachdem wir uns fragten: Wie gehen wir vor? Da der Autohändler rasch eine Lösung wollte, wurden auch schnell Entscheidungen getroffen. Zu den Entschlüssen gehörte auch, dass wir auf eine klassische Marktforschungsstudie verzichteten.

Eine 360-Grad-Betrachtung ergibt ein umfassendes Bild

Ich bin generell kein Freund von diesen Studien. Marktforschung hat schon ihren Sinn, aber ich habe meine Zweifel an vielen Untersuchungen. Sie spiegeln oft nur das wider, was man gerne hören möchte. Das ist gleich auf mehreren Ebenen nicht sonderlich hilfreich. Trotzdem: Zusammen mit der Geschäftsleitung entschlossen wir uns, eine umfangreiche Ist-Soll-Analyse – mittels Klartext-Tour – durchzuführen, die die zentrale Frage beantworten sollte: »Wie erreicht der Mehrmarken-Autohändler den größtmöglichen Erfolg beim Kunden?«

Die zu befragenden Zielgruppen wurden ebenfalls gleich definiert. Neben Kunden, Wettbewerb und Lieferanten sollten auch die Mitarbeiter befragt werden. Es war elementar, den einzelnen Mitarbeiter von Anfang an in diesen umfangreichen Prozess einzubinden, sollte doch an dessen Ende eine neue Strategie stehen, die alle Bereiche des Unternehmens umfasste. Und das mussten die Mitarbeiter eben auch mittragen.

Wie dem auch sei: Durch die zahlreichen Entscheidungen zu Beginn des Differenzierungsprozesses wurde eine Grundlage geschaffen, die nur noch das Handeln als Konsequenz zuließ.

Intuitiv handeln! Mit der Einstellung »Man müsste mal etwas untersuchen/eine Analyse anfertigen, bevor wir etwas entscheiden können!« hätten wir uns damals a) in zeitraubende Diskussionen verstrickt, b) schnelles Handeln verzögert und c) mit all dem die dringend benötigte Lösung blockiert.

Um die Geschichte abzuschließen: Die für alle überraschende und ernüchternde Erkenntnis aus der Klartext-Tour war: Die gesamte Branche schläft tief und fest – Mobilität verändert sich, die Kundenbedürfnisse und die Informationsbeschaffung ebenso. Darauf müssen wir aktiv reagieren, wenn wir keine Marionette sein wollen. Und das wäre den 1.000 Mitarbeitern gegenüber fahrlässig, da man sich abhängig macht. Genau darin lag aber auch die Chance des Autohändlers, nämlich sich vom Wettbewerb abzusetzen und zu differenzieren. Die Erkenntnis führte zu einer Entscheidung.

Intuitiv handeln!

Man entschloss sich, für die Branche unkonventionelle Wege zu gehen. Ein gewaltiger Schritt, denn die Branche ist tief traditionsgeprägt. Dennoch, das Entscheidende an diesem Beispiel ist: Die Geschäftsleitung zeigte in dem gesamten Prozess inklusive Umsetzung den Willen, etwas zu ändern und zu entscheiden, damit etwas geschieht. Neben dem Entscheidungswillen war allerdings auch Mut gefragt, um Neues und für die Branche Ungewöhnliches anzugehen. Diese Entschlossenheit zahlte sich für meinen Kunden aus. Es war ein strategisches Thema, kein operatives – also »hätte« man es auch auf die lange Bank schieben können, weil anderes vielleicht »Priorität« hatte.

Es gibt immer mehr als nur eine Option

Ich habe festgestellt, dass nicht nur das Treffen von Entscheidungen eine Hürde darstellt, sondern auch das »einfach machen« eine besondere Herausforderung ist. Für mich, der ich grundsätzlich das mache, was ich mir vornehme, ist das kaum nachvollziehbar. Was nützt mir eine Entscheidung, wenn danach nichts erfolgt oder ich wieder eine stundenlange Diskussion vom Zaun breche?

Genau: nichts. Im Gegenteil, damit hebe ich die Entscheidung wieder auf. Wie ich schon oben erwähnte, ist eine Entscheidung etwas Endgültiges. Sie sollte es zumindest sein. Sie ist der Schritt, der den nächsten einleitet. So komme ich weiter und verändere etwas. Sollte sich diese Entscheidung als Sackgasse oder als falsch herausstellen, probiere ich eine andere Möglichkeit, um an mein Ziel zu kommen.

Ich entscheide also wieder, auch wenn das zunächst vielleicht nur ein Etappensieg war.

Wie ungewöhnlich und manchmal geradezu unüberwindlich die Hürde »einfach machen« für viele Menschen ist, verdeutlicht folgende Situation. Als ich das Buch »Klartext« schrieb, erhielt ich Besuch von einem Freund. Er war selber seit Jahren im Marketing tätig. Mit ihm wälzte ich ein paar Gedanken zum Buch hin und her. Mir fehlten noch einige Interviewpartner, die ich im Buch zu Wort kommen lassen wollte. Die Frage war: Wer passt dazu?

Eigentlich kenne ich viele Leute persönlich, doch mir fiel niemand für das einleitende Statement aus meinem Kreis ein. Also ging ich einen anderen Weg:

Mit meinem Freund schaute ich mir einige Profile von Persönlichkeiten an und stieß auf Dr. Hartmut Mehdorn, der damals Vorsitzender der Geschäftsführung der Flughafen Berlin Brandenburg GmbH und damit auch für den Bau des umstrittenen Flughafens verantwortlich war.

Spontan sagte ich: »Der ist es. Ich rufe den an.«

Mein Freund schaute mich mit großen Augen an und hielt mich für völlig verrückt. »Das kannst du doch nicht machen. Der hat anderes zu tun, als sich mit dir zu unterhalten. Du wirst den nicht mal ans Telefon bekommen. Dafür sorgt schon seine Sekretärin«, meinte er. Aber ich ließ mich auf keine Diskussion ein.

Probieren kann man es immer, dachte ich. Kurz entschlossen griff ich mir das Telefon, wählte die Nummer aus dem Impressum des legendären BER-Flughafens. Der Empfang verband mich mit dem Sekretariat von Herrn Mehdorn. Seiner Assistentin erzählte ich, dass ich die Visitenkarte verlegt habe und Herrn Mehdorn schon die gewünschten Unterlagen schicken wollen würde. Sie gab mir ihre Mailadresse: Vorname.Name@Unternehmen.com.

Daraus folgerte ich die Adresse von Herrn Dr. Mehdorn. Ich schickte ihm eine Mail, stellte mich vor, erklärte mein Vorhaben mit meiner Frage, ob er mich mit einem Statement im Buch unterstützen würde. Nach zwanzig Minuten erhielt ich die Antwort: »Ja, gerne. Freue mich darauf.« – Und der Rest nahm seinen Lauf.

Das Gesicht meines Freundes werde ich nie vergessen. »Das habe ich eben nicht erlebt, oder?«, waren seine Worte.

Einfach machen!

Was hätte denn passieren sollen? Entweder ich spreche mit dem Mann, wie geschehen, oder ich hätte eine Ansage von der Sekretärin – oder spätestens ihm selbst – bekommen. Vielleicht hätte er auch nie geantwortet. Diese Möglichkeiten bestanden durchaus. Und wäre die Reaktion Mehdorns so negativ ausgefallen, hätte ich anders entscheiden müssen. So einfach war das – und ist es eben manchmal doch. Mit der Überlegung »Man müsste mal Dr. Mehdorn interviewen« allerdings, mit dem Konjunktiv also, wäre ich nicht weit gekommen.

Ich könnte weitere Beispiele anführen, aber es würde sich nichts am Prinzip ändern: Ziel vor Augen, Fakten oder Meinungen sondieren, Entscheidung treffen, und los. Wenn ich etwas verändern will, wie im Falle des Mehrmarken-Autohändlers, der handeln *musste*, dann habe ich nur die Möglichkeit, mich zum Handeln zu entschließen und dann auch aktiv zu werden.

So einfach war das.

Alles andere ist Stillstand und bringt keine Veränderung.

Bernd Lietke

»Ich habe jetzt zum zweiten Mal ein Statement für Dominic Multerer abgegeben, weil er einfach ein komischer Typ ist, der mich versteht und auch teilweise die gleichen Ansätze wie ich verfolgt.«

Bernd Lietke

Bernd Lietke war nach dem Studium der Betriebswirtschaft an der Dualen Hochschule Baden-Württemberg rund 20 Jahre bei dem Haushalts-, Gastronomie- und Hotelleriewarenhersteller WMF beschäftigt. Zuletzt hatte er die Position eines Head of Purchasing/Marketing Manager Retail inne. Seit 2015 ist er Managing Director bei der Königliche Porzellan-Manufaktur Berlin. Die KPM leitet er zusammen mit Jörg Woltmann, dem Alleingesellschafter des Traditionsunternehmens, das zu den ältesten Manufakturen Europas gehört.

Die Tradition der Königliche Porzellan-Manufaktur Berlin (KPM) ist eine Grundhaltung, der ich mich in meinem Wirken verpflichte. Zum Zeitpunkt meines Starts als Geschäftsführer übernahm ich eine KPM, die von 2013 auf 2014 und auch die ersten Monate 2015 ein hohen zweistelligen Umsatzverlust zu verzeichnen hatte. Im ersten Monat unter meiner Verantwortung war der Umsatz sogar unter den Personalkosten. Diese Situation hatte ich erwartet, aber auch eine gewisse Offenheit für Veränderungen, die Neues möglich machen sollte – dachte ich?!

Tatsächlich war überhaupt kein Druck oder ein Bewusstsein für die aktuelle Situation vorhanden. In meiner ersten Führungssitzung mit den anwesenden Bereichsleitern wurde über alles gesprochen, aber nicht über die aktuelle Situation oder fehlende Umsätze. Dabei müssen Veränderungen hier anfangen; in der Unternehmensleitung!

Das war die erste Entscheidung, um die KPM wieder auf eine Wachstumsstrategie zu bringen. Zukunft braucht Herkunft. Daher integrierte ich in einem zweiten Schritt unseren Inhaber wieder in die Entscheidungen des Teams und bezog ihn – soweit es ging – auch in die operativen Schritte mit ein. Ein Teil der Führungsebene, der er vorher nicht angehörte.

In den darauf folgenden Monaten habe ich mir jeden Einzelnen aus dem Führungsteam zu intensiven Gesprächen eingeladen, um seine oder ihre Kompetenzen zu analysieren und zu erkennen. Bei einigen von ihnen waren kaum welche auszumachen. Die Folge: Nach 6 Monaten war 50% der Führungsebene nicht mehr im Unternehmen – alle aus dem gleichen Grund: Mangelnde Kenntnis über Markt und die Kunden der KPM.

Allen verbliebenen und neu dazugekommenen Kollegen im Führungsteam habe ich nach sechs Monaten mein absolutes Vertrauen und meine Unterstützung ausgesprochen und ihnen allen ein hohes Maß an Handlungsspielraum eingeräumt!

Sätze wie »Das hat die KPM nicht nötig – wir sind eine Manufaktur« oder »Das ist nicht der Stil der KPM« waren zwar immer noch zu hören, aber das neue Führungsteam fing an zu diskutieren und vor allem: Es begann sich zu informieren!

Aber:

Bei allen personellen Veränderungen musste auch schnell ein Zeichen des Aufschwungs her. Parallel zu den radikalen Personalentscheidungen ließ ich mir fast wöchentlich jede Serie unseres Porzellans in allen Größen in mein Büro bringen, um mir ein aktuelles Bild zu verschaffen. Es hat mich nie jemand danach gefragt, aber es war der Anfang des wirtschaftlichen Aufschwungs.

Ich suchte nach einem Multiplikator – einem Umsatzträger und gleichzeitigen Markenbotschafter. Aus dem bestehenden Sortiment, das 14.000 Artikel umfasste, wollte ich eine Story entwickeln. Ich wollte nicht wie meine Vorgänger irgendetwas Neues entwickeln und zuerst einmal Geld ausgeben. Meine Devise lautete: Was schon da ist, kostet kein Geld!

Und da war sie auf einmal, die Story, die ich brauchte: Der große Kaffeebecher »Berlin« zu 92 Euro pro Stück, verpackt in einem Wellpappkarton zu je 6 Stück. Um als Geschenk der KPM zu funktionieren, musste der Preis runter und eine wertige Geschenkverpackung her.

Na ja, hier war der erste Schritt entscheidend – einen auf 92 Euro kalkulierten Artikel auf einen meiner Ansicht nach angemessenen Geschenkpreis von 49 Euro zu reduzieren (das war für mich der richtige Preis für ein Geschenk der Königliche Porzellanmanufaktur) und noch für teures Geld eine ansprechende Geschenkkartonage dazuzugeben. Zu diesem Zeitpunkt hatte ich noch keine Besetzung der kaufmännischen Leitung. Das machte diese Sache einfacher.

Dieser Artikel entwickelte sich zu einer »Lokomotive« und zog viele andere Ideen und Neuheiten mit sich. 2014 verkaufte die KPM 278 »Berlin«-Tassen. Die Planungen für die Produktion dieses Tassenmodells belaufen sich für das Jahr 2018 auf 20.000 Stück. Die Erfolgsgeschichte der Tasse lässt sich in einem Satz zusammenfassen – der Story, die bezeichnend für die KPM geworden ist:

Ein Stück Berlin – handgemacht.

Dazu sei gesagt, dass wir mit 49 Euro immer noch die teuerste »Mug« im Umfeld der Manufakturen verkaufen, auch gegenüber Porzellina, der Nr. 1 im Markt Meissen. Eine vergleichbare Tasse dort kostet 34,50 Euro. Der Bann war also gebrochen. Mein Führungsteam und viele Mitarbeiter im Unternehmen merkten: Da geht was! Mein Gespür und Händchen aus den letzten 22 Jahren RETAIL WMF zeigen in weit mehr als 100 Neuheiten, die alle bis heute extrem erfolgreich sind, die Neuausrichtung der KPM.

In der Vergangenheit hatte man sich fast nur mit sich selbst beschäftigt – niemand hat sich richtig bemüht, eine Analyse des Marktes zu erstellen und vor allem: sich im Detail mit dem Sortiment zu befassen. Das war ein grober Fehler.

Die Porzellanbranche hat in den letzten Jahrzehnten viele tolle Marken verloren. Deshalb habe ich auch meinem Marketingleiter immer wieder gesagt: Orientiere dich an Marken, die gut mit Kunden kommunizieren und ein Verständnis für deren Bedürfnisse haben wie beispielsweise Tesla, Apple, Ikea, Tchibo oder die Drogeriekette dm.

In den Monaten nach meinem Beginn bei KPM war ich extrem oft in der Produktion und damit direkt bei den Mitarbeitern vor Ort. Immer, wenn ich dort war, habe ich jedem Mitarbeiter die Hand gegeben – wie sich später herausstellte, ein absolutes Novum. Ich habe sogar meine eigene Tasse mit meinen Händen gebaut.

Einmal konnte die KPM durch einen geplatzten Auftrag im Export erst zwei Tage später als üblich das Gehalt auszahlen. Interessanterweise führte diese Situation bei einigen Mitarbeitern zu der Offenheit für Veränderungen, die ich mir vorstellte. Mein Spruch »Wer nicht mit der Zeit geht, wird mit der Zeit gehen« drang langsam zu allen Mitarbeitern durch. Auch das zunehmende Alter des Sponsors von KPM führte zu Fragen, wie es weitergehen solle. Dass wir jetzt selbst in der Lage sind, uns auf eigene Beine zu stellen, rückte in greifbare Nähe – ein Ziel, das ich anstrebte.

Ich habe jetzt zum zweiten Mal ein Statement für Dominic Multerer abgegeben, weil er einfach ein komischer Typ ist, der mich versteht und auch teilweise die gleichen Ansätze wie ich verfolgt. In meinem Führungsteam gibt es heute niemanden mehr, der sagt: »Man müsste mal ...« Es werden auch keine Protokolle mehr im Führungsteam geführt. Das ist Vergangenheit, aber es war harte Arbeit, dahin zu kommen. Gelegentlich muss man auch einzelne Personen in der Führungsebene austauschen, um ein Maß an Vertrauen vermitteln zu können. Im Führungsteam muss absolut »Champions League« gespielt werden – damit alle Mitarbeiter im Unternehmen mindestens Bundesliga spielen können!

Dieses Statement zeigt, wie wichtig auch Vertrauen ist. Denn es ist die Grundlage, dass Mitarbeiter die Gewissheit haben, richtig geführt zu werden. Und dann wird jede andere Entscheidung, die man zum Wohle der Firma trifft, auch nicht mehr auf Widerstand stoßen. Kurz: Man sollte »einfach machen« einfach machen.

Wie man dann vom Reden ins Handeln kommt?

Einfach. Man macht es.

Fazit: Ins Handeln zu kommen ist gar nicht so schwer, wie die Vielzahl an Beispielen verdeutlicht hat. Wenn Sie ein paar Punkte beachten, werden Sie schnell merken, dass der Rest sich fast von selbst ergibt.

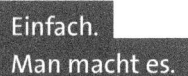

Einfach.
Man macht es.

Voraussetzung dafür ist, dass Sie von Ihrem Vorhaben (Sport, Marktführerschaft, Pizza backen) überzeugt sind und es auch wollen. Halbherzigkeiten haben hier keinen Platz. Dann ist alles zum Scheitern verurteilt. Machen Sie im Kleinen weiter: erste Gespräche, die eigene Meinung und Überzeugung abklären, Fakten sammeln, um den eigenen Standpunkt zu überprüfen, und auch Machbarkeit abklopfen.

Analysieren Sie Ihren Standpunkt, Ihr Vorhaben genau. Ist es machbar? Können Sie tatsächlich etwas damit anfangen? Können es andere? Versuchen Sie, Ihre Vorstellungen auch daraufhin zu untersuchen, unter welchen Aspekten Sie selbst sie gebildet haben. Wenn Sie das beherzigen, stärken Sie nicht nur Ihr Projekt bei sich selbst, sondern auch bei anderen – und Sie werden sehen, es dauert nicht lange. Schließlich können Sie gar nicht mehr anders, als zu handeln und wirklich umzusetzen, was Sie tun wollen. Denken Sie an den Kreislauf der »5 Wege zum Machen«. Es ist schließlich ganz gleich, wo Sie einsteigen: Für eine Entscheidungsgrundlage brauchen Sie den Fremdbildabgleich ebenso wie erste Gespräche. Eine Entscheidung kann schon das Anfertigen eine Analyse sein, die als Grundlage für weitere Entscheidungen dient. Das Schaffen von Verbindlichkeiten provoziert nächste Schritte. Letztlich bedingt das eine das andere und man beginnt, alle Stufen zu durchlaufen.

Die fünf Grundsätze im Überblick

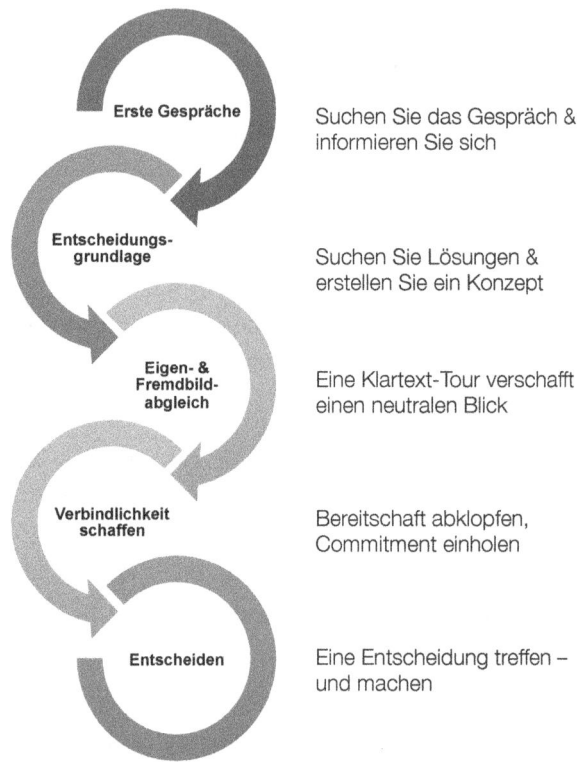

Beachten Sie dabei: Fehlt einer dieser Schritte, kommen Sie nicht ins Handeln! Fangen Sie an, mit Menschen darüber zu sprechen, und ihr gedankliches Bild reift.

Denken Sie an Bernd Lietkes Wahlspruch, den ich Ihnen ans Herz legen möchte: »Einfach machen« einfach machen.

In allen Bedeutungen dieser Worte.

*»Wer duschen will,
muss das Wasser anstellen.«*

Dominic Multerer

4 MAN MÜSSTE MAL

PRAXISBEISPIELE

»Man müsste mal ... Marketing machen. Oder wahrgenommener Marktführer werden«

Klingt einfach, oder?

Zugegeben, das ist auch eine Überschrift, bei der böse Zungen sagen könnten, sie ist eine Phrase. Marktführer werden ist ein Ziel, das sich etliche Firmen vornehmen.

Doch wie wird man das? Zunächst einmal sollte man es sich vornehmen. Was es zuallererst braucht, um ins Handeln zu kommen, ist eine Vision, etwas, das man sich vornimmt. In diesem Fall eben: Marktführer werden.

Am Puls der Zeit mit innovativen Produkten

Dann: sich überlegen, was einem zur Marke fehlt – vielleicht auch, warum man selbst noch keine Marke ist. Das heißt, eine Strategie muss entwickelt, eine Art Roadmap festgelegt werden. Um Marktführer zu werden, braucht es zwei Dinge: gute, innovative Produkte am Puls der Zeit, die inszeniert werden können – und natürlich gute Markenarbeit. Doch worin genau besteht dieses Marketing? Was genau muss man dafür tun – und wie kommt man ins Handeln, um dann auch das Richtige umzusetzen?

Vor einiger Zeit wurde ich von einem regionalen Mineralbrunnen-Abfüller zum Gespräch geladen. Es war um die Traditionsfirma nicht gerade gut bestellt. Die Firma hatte wenige Monate zuvor ihre Insolvenz erklärt und war gerade von neuen Investoren übernommen worden, die es besser machen wollten als die Vorgänger.

Immer billiger werden kann jeder

Aus unterschiedlichen Gründen hatte man sich bei dem Brunnen in den Jahren vor den neuen Investoren markentechnisch mehr oder weniger die Butter vom Brot nehmen lassen: Man produzierte verstärkt im Low-Budget-Segment der Auftragsabfüllung, anstatt eigene hochwertige und somit profitable bzw. margenbringende Marken aufzubauen. Immer billiger werden, lautete die einfache Devise. Man tat eben das, was man immer getan hatte – nur günstiger. Doch dieser Weg hatte letztendlich in die Insolvenz geführt – denn irgendwann geht es eben nicht weiter nach unten; zumindest nicht ohne massive Verluste, die dann an die Substanz, nämlich die eigene Existenz gehen.

Die neuen Besitzer haben das Unternehmen nicht aus karitativen Zwecken gekauft, sondern wollen es wieder zurück an die Spitze führen. Dass sich etwas ändern müsste, wenn der Brunnen wieder erfolgreich sein sollte, war klar.

Als die Investoren das Unternehmen 2016 übernahmen, war ihnen ebenso klar: Entweder wir verbessern uns, verfolgen eine neue Strategie und bauen ertragsstarke Produkte auf – wozu das Marketing genauso gehört – oder wir werden in Zukunft untergehen. Sie sollten dazu wissen, mit 100 Mitarbeitern wurden genau 10.000 Euro pro Jahr ins Marketing investiert. Nicht mehr.

Es gibt viele Mineralbrunnen in Deutschland: Immerhin konkurrieren hierzulande 500 verschiedene Mineral- und 35 Heilwässer miteinander, zwischen denen ein Kunde wählen kann. Billiger werden? Nein!

Das bedeutete: Marke machen, Sichtbarkeit der eigenen Qualität aufbauen, also Unternehmensmarke und Produktmarken entwickeln, die sich von den anderen Wässern unterscheiden – und diesen Unterschied in den Köpfen der Käufer fest verankern; so fest, dass die sich beim Einkaufen unwillkürlich für genau dieses Wasser entscheiden und nicht für irgendeines der Konkurrenten. Aber: Das ist natürlich mit einer Entscheidung oder der Erkenntnis allein noch lange nicht erledigt. Womit wir wieder bei der Überschrift dieses Kapitels wären.

Anzumerken ist auch, dass es bis dato keinerlei Marketing-Verantwortlichkeit im Unternehmen gab – oder jemand, der dafür etwas gemacht hätte. Nun wollte man Marktführer werden. Also dann: Prozesse aufbauen, Leute einstellen, neue Denkweisen entwickeln, alte Muster ändern, Ergebnisse schaffen ...

Die Roadmap als Wegweiser in die Zukunft

Die Investoren baten mich zum Gespräch. Es ging darum, wie man diese Herausforderungen löst und der nach unten führenden Preisspirale entkommt, quasi eigene Marken aufbaut und diese mit höheren Margen vertreibt. Die neuen Unternehmer waren nicht im Thema, haben aber auch nicht gesagt: »Man müsste mal ... Marke machen«, sondern haben ein erstes Gespräch über das Thema geführt: Wie wäre es möglich?.

Nach dem Termin lieferte ich eine Roadmap (kleinen Schlachtplan), die auf die genannten Rahmenbedingungen, wie Budget, Vorstellungen generell, Zeitrahmen etc., angepasst war. Daraus ergab sich: Welche Personen benötige ich? Welche Kompetenzen im Team? Wie teile ich das Jahresbudget in Personal, Media, Kreation, Design, PoS-Material auf, wie kann ein 24 Monate dauernder Prozess aussehen und welche Möglichkeiten der Zusammenarbeit gibt es? Kurz: Mit dieser Roadmap lag eine Entscheidungsgrundlage vor, die es ermöglichte, zu sagen, ob man diesen Weg gehen will oder nicht. Und wenn ja, welcher Weg wird gegangen?

Oder anders gefragt: Möchte ich duschen oder nicht?

Bitte stellen Sie das Wasser zum Duschen an

Danach entschied sich das Investorengespann, das Big Picture anzugehen. Man war also bereit, das »Wasser zum Duschen anzustellen«. Aus dieser Aussage ergab sich zusammen mit den Vorgaben der Roadmap eine klare Verbindlichkeit für zwei Jahre: Verantwortlichkeiten, Strukturen, Budget, Prozesse sollten über diesen (notwendigen!) Zeitraum aufgebaut werden.

Während der ersten Monate wurde zum Status quo eine Klartext-Tour durchgeführt, um im Unternehmen generell den Bedarf und die Notwendigkeiten auf dem Weg zur führenden Marke aufzuzeigen und alles darauf auszurichten: Was ist nötig? Was muss getan werden? Was kann anders und besser werden? Wo ist der Wettbewerb stark? Wo positionieren wir uns? Die Leitplanken wurden identifiziert. Schließlich wurde durch diese Tour allen am Prozess beteiligten Personen und Partnern signalisiert: Wir gehen das Thema an.

Mit »Haben wir doch schon immer so gemacht« ins Aus

Mit der klaren Vorgabe agierte das neue Team. Es war klar, wenn man vorgeht, wie man es eben immer gemacht hat, klappt nix. Deswegen: Regeln brechen – dann liefert die Basis auch. Man suchte also von Anfang an Leute, die das Ziel hatten, einen Marktführer zu bauen, und gab die volle Verantwortung in deren Hände. Nun sind gut 24 Monate vergangen, man hat viel erreicht, aber man ist noch nicht am Ziel angekommen. Dennoch lässt sich schon jetzt sagen: »Es läuft.«

> Von der grauen Maus zum Marktführer

Bei diesem Kunden befinden wir uns also auf dem Weg. Einen ähnlichen Prozess bin ich vier Jahre für einen kommunalen Softwarehersteller gegangen, mit dem Ergebnis: von der grauen Maus zum Marktführer.

Sie sehen also: Es kommt beim Ziel »Marktführer werden« darauf an, dass man sich auf den Weg begibt, ein Ziel ausruft – und jede Entscheidung an diesem Ziel ausrichtet. Merken Sie sich: Wenn alle anderen »Schwarz« nehmen, dann muss ich schon allein deshalb eine andere Farbe wählen, sonst gehe ich unter. Aber dabei muss ich meine Denkweise meiner Vision anpassen und stets nach Lösungen suchen.

»Man müsste mal ... Vertrieb neu denken«

Der Kampf um qualifizierte Arbeitskräfte ist voll entbrannt. Einige mögen es noch nicht wahrhaben, andere haben es schon schmerzlich erfahren. So wurde ich vor einiger Zeit nach einem Vortrag von einem Personalmanager angesprochen, ob ich sein Unternehmen im Recruiting begleiten könnte. Das erstaunte mich, da es sich um einen weltweit operierenden Konzern im Chemiebereich handelte, der im deutschsprachigen Raum Spezialprodukte produzierte und verkaufte. Es kam zu einem Termin.

Der Kampf um die Besten hat schon längst begonnen

Es dauerte gar nicht lange, da lag das Problem schon auf dem Tisch. Das Unternehmen brauchte im Vertrieb »qualifizierte Verkäufer«. Diese Bezeichnung traf es aber nur zum Teil, da die Vertriebler nicht nur »verkaufen« müssen. Eine ihrer wesentlichen Aufgaben ist die Beratung, immerhin ging es hier nicht um »Tesafilm« oder »Pritt-Klebestifte«. Die Produkte des Konzerns erklärten sich nicht von selbst. Bisher hatte der Konzern leicht entsprechende Vertriebler gefunden. Man war also gut aufgestellt. Nun gingen diese Vertriebler aber nach und nach in den Ruhestand. Man nutzte diesen Umstand, um den Vertrieb allgemein neu aufzustellen und zu straffen, doch es zeigte sich, dass dies in absehbarer Zeit nicht mehr ausreichen würde. Neue Fachkräfte waren gefragt und das gestaltete sich nicht ganz so einfach.

Ich schlug dem Unternehmen eine Klartext-Tour vor, um zu schauen, wo steht man, wohin kann die Reise gehen. In einem Eigen- & Fremdbildabgleich sollten die Anforderungen an den zukünftigen Vertrieb und welche Voraussetzungen es am Arbeitsmarkt gibt, ermittelt werden. Denn hier würde sich die Situation um passende Fachkräfte herum verschärfen. Diesen Punkt hatten wir dann ja auch schnell geklärt.

Ausbildung eigener Vertriebler als Lösung

Es zeigte sich, dass die Klartext-Tour viele interessante Ergebnisse brachte, die das Unternehmen bisher nicht gesehen oder nicht als relevante Punkte wahrgenommen hatte. Bereits bestehender Fakt: Für die Anforderungen im Vertrieb sind Schulungen für neue Leute Voraussetzung, selbst wenn sie in der Branche schon vor der Anstellung tätig waren. Laufende Schulungen – natürlich mit dem Schwerpunkt »Produkte« – führte das Unternehmen allein aus Qualitätsgründen regelmäßig durch.

Daraus entstand folgende Überlegung: Da der Konzern bereits Schulungen intern organisiert, Fachpersonal nur bedingt verfügbar sein wird und die Beratung, das Verstehen um Produkte und Konzernstrategien Voraussetzung für einen optimalen Vertrieb sind – warum sollte man nicht eine spezielle Ausbildung für Vertriebsnachwuchs aufbauen? Alles, was dafür benötigt wurde, war schon vorhanden, es musste nur entsprechend organisiert, strukturiert und vorbereitet werden.

Wir machen das!

Es kam zu internen und externen Gesprächen, also dem Eigen- & Fremdbildabgleich. Auf der Basis dieser Gespräche erstellte ich eine Roadmap, die alle Erkenntnisse, ein Budget für zunächst drei Jahre und einen Zeitplan enthielt – die Entscheidungsgrundlage. Am Ende stand fest: »Wir machen das!« Alle betreffenden Entscheidungsträger stimmten dem Aufbau eines eigenen Vertriebsnachwuchses zu.

Der Vorteil lag darin, dass das Unternehmen gleich so ausbilden konnte, wie man es für den künftigen Vertrieb brauchte. Auf lange Sicht machte es sich so vom Arbeitsmarkt unabhängig. Und diese Entscheidung schaffte Verbindlichkeiten. Es gab kein Zurück. Es hieß nur noch: umsetzen und machen.

»Man müsste mal ... eine Unternehmensstrategie entwickeln«

Eine Unternehmensstrategie ist etwas ganz allgemein Notwendiges. Sie ist bedingungslos erforderlich, sonst schippert Ihre Firma – Ihr »Schiff« – wie die Titanic gegen irgendeinen Eisberg und erleidet Schiffbruch.

Wie komme ich zur Strategie und wie setze ich diese um? Was genau heißt das eigentlich: eine Strategie entwickeln, Ziele definieren und beides dann umsetzen? Ich bin ja schon im dritten Kapitel kurz auf das Beispiel STAHLWILLE in Wuppertal eingegangen, das ich hier vertiefen möchte. Es eignet sich hervorragend als Best-Practice-Beispiel: Winfried Czilwa und sein Team haben das traditionsreiche Werkzeugunternehmen völlig umgekrempelt und sind daher ein ausgezeichneter, ja, fast schon bilderbuchhafter Fall für das, was ich in diesem Unterkapitel erklären will.

Mit der richtigen Strategie zurück an die Spitze

Oftmals fehlen im Unternehmen nur »kleine« Stellschrauben, an denen gedreht werden muss, um zur Elite der Branche aufzusteigen – also um Marktanteile zu gewinnen und Umsatz und Ertrag zu steigern. Der Hersteller von hochwertigen Handwerkzeugen ist ein Unternehmen, das diesen Blickwinkel kennt und sich derzeit zum Marktführer im Bereich »Innovationen« vorarbeitet. Das Unternehmen STAHLWILLE begleitete ich als Berater der Geschäftsführung 2014/2015 und war dabei an der Strategieentwicklung maßgeblich beteiligt – im zweiten Schritt dann verantwortlich für die Ausarbeitung des Strategiebereichs Markenführung mit den Schwerpunkten Marktauftritt und Emotionalität.

> Oftmals fehlen im Unternehmen nur »kleine« Stellschrauben.

Wie schon erwähnt, aufgrund von Turbulenzen in der Führung, aber auch durch das Fehlen einer klaren Ausrichtung und Strategie hatte das Unternehmen im Jahr 2013 nur noch stagnierende Geschäftsverläufe zu verzeichnen. Die beim Anwender bekannte und grundsätzlich stabile Marke STAHLWILLE wurde nicht mehr durch Innovationen und Neuheiten nach vorne getragen. Lösungen mussten gefunden werden. Die Frage war, welche?

Die richtigen Fragen als Basis für die neue Strategie

Die neue Geschäftsführung unter dem Vorsitz von Winfried Czilwa – ehemals Geschäftsführer bei Hailo – übernahm das Unternehmen 2014 in einer offensichtlich schwierigen Situation. Seither ist STAHLWILLE auf einem sagenhaften Erfolgskurs.

Im Rahmen eines Strategieprozesses wurden grundsätzliche Fragen gestellt, die klar beantwortet sein müssen, um ein Unternehmen auf Kurs zu bringen. Denn nur dann können alle auf ein gemeinsames Ziel hinarbeiten:

WOHIN wollen wir?

Dies stellte die strategische Ausrichtung des Unternehmens künftig dar – intern wurde diese Strategie »Nordstern« getauft, der allen Mitarbeitern als Orientierung dienen sollte, wohin die Reise gehen soll.

WAS müssen wir tun?

Welche strategischen Ziele müssen wir erfüllen, um dem gerecht zu werden? Daraus entwickelten wir fünf Stoßrichtungen und Handlungsempfehlungen – von der Markenführung, der Organisation über den Vertrieb bis zum Produkt und der Lieferkette.

WIE müssen wir es tun?

Die operative Umsetzung ist immer entscheidend, daher wurden in den jeweiligen Stoßrichtungen und Handlungsempfehlungen notwendige Zukunftsmaßnahmen mit Kennzahlen definiert, die angegangen werden müssen. In »Nordstern« wurde klar festgelegt, wie STAHLWILLE zum Marktführer und Innovationsführer in festgelegten Bereichen der Handwerkzeuge zu entwickeln sei.

Der Nordstern (Strategie) als Leitmedium

Schritt für Schritt wurden in den jeweiligen Stoßrichtungen die Zukunftsmaßnahmen angegangen, die vorher sauber definiert und mit Fachteams besetzt wurden. In einigen Fällen wurden neue – teilweise zusätzliche – Fachleute verpflichtet, um beispielsweise die Stoßrichtungen »Produkt(innovation)« sowie »Lieferkette« konsequent realisieren zu können. Durch die klare und transparente Vermittlung, die zur Unternehmenskultur erhoben wurde, weiß bis heute jeder im Unternehmen, wo das Ziel liegt, und arbeitet darauf hin.

Der »Nordstern« zur Orientierung

Zum Marktführer und Innovationsführer wird man nicht über Nacht: Alle Unternehmensbereiche gehören dazu. In den jeweiligen Stoßrichtungen (Markenführung, Produkt, Vertrieb, Lieferkette und Organisation) wurden daher fein säuberlich alle strategischen Punkte für den jeweiligen Entwicklungsbereich definiert und von internen Kompetenzteams innerhalb einer bestimmten Frist erarbeitet, so, dass jeder Mitarbeiter im Unternehmen auch erkennen kann, wohin die Reise gehen soll. So wurde zum Beispiel im Bereich Vertrieb als einer von sechs Punkten festgelegt, dass STAHLWILLE sich im E-Commerce aufstellen muss, den man bis dato vernachlässigt hatte.

Eine konkrete Stoßrichtung

Das Unternehmen musste in Sachen E-Commerce also ein klares Ziel ausrufen, und das lautete: als Premiummarke im Internet aufgestellt und erkennbar zu sein. Alle notwendigen Informationen rund um Produkt, Unternehmensleistungen und Co. müssen schnell und einfach aufzufinden sowie verständlich sein. Ebenfalls wurde eingeschlossen, dass E-Procurement ein wichtiger Bestandteil ist.

In diesem Fall ergaben sich dann drei konkrete Zukunftsmaßnahmen, die operativ erarbeitet und umgesetzt werden mussten:

1. Ein Konzept zur Zukunft von STAHLWILLE im E-Commerce erstellen
2. Definition eines Markenshops (Listenpreise, Empfehlungen, Beschreibungen etc.)
3. Festlegen und Einbinden eines Partners, der E-Commerce kompetent beherrscht

Insgesamt wurden vier große Themen (plus Organisation) im Nordstern definiert, was übergreifend 25 Stoßrichtungen mit insgesamt 91 Zukunftsmaßnahmen ausmacht. Dazu zählt beispielsweise: »Schonungsloses Aufdecken aller Stärken und Schwächen unserer Steckschlüssel-Werkzeuge« oder »Mögliche Sortimentslücken und fehlende Standardsortimente erkennen und Schließung definieren (was fehlt?)«. Diese werden bis heute intensiv bearbeitet und führen durchweg dazu, dass alle Mitarbeiter wissen, woran sie arbeiten müssen und welche Aspekte bei ihrer täglichen Routine Vorrang haben.

Ergeben sich Fragestellungen, ob Investitionen getätigt werden sollen und/oder gewisse Dinge einen Sinn ergeben, können diese natürlich anhand der Vorgaben der Operation »Nordstern« herausgefordert werden. So kann geprüft werden, ob diese Maßnahmen dem Ziel dienen. Wenn ja, dann wird es gemacht. Wenn nicht, dann nicht. Mit Etablierung einer Klartext-Kultur bleiben überflüssige Kommunikationswege und »Meetingorgien« erspart.

Im direkten Wettbewerb sind die Produkte in vielen B2B-Segmenten nahezu vergleichbar geworden, sodass hier kaum ein differenzierender Vorteil kommuniziert werden kann. Ein Unternehmen muss sich jedoch differenzieren, Themen besetzen und gewisse Charakteristika verkörpern und kommunizieren, um nicht in der Masse unterzugehen und die gewünschte Zielgruppe berühren zu können.

Die Marke im B2B-Bereich ist ebenfalls ein essenzielles Puzzleteil, um ein nachhaltig profitables Wachstum zu erreichen. Zielsetzung musste es sein, die eigenen Produkte und Dienstleistungen möglichst stark vom Wettbewerb abzugrenzen und das Markenimage unverwechselbar in der Wahrnehmung der Zielgruppen zu verankern sowie Präferenzen für die Marke zu bilden.

Bei STAHLWILLE war die Ausgangssituation so, dass sich das Unternehmen in den vergangenen Jahren sowohl starken konjunkturellen Schwankungen als auch mehreren Wechseln in der Führungsebene stellen musste. Dies wurde sowohl bei Kunden thematisiert als auch bei der Belegschaft, wodurch die Markenidentifikation litt. Eine positive Unternehmenskultur war damals nicht wahrnehmbar. Verstärkt wurde dieser Effekt durch Liefer- und Qualitätsprobleme, die den Zustand weiterhin verschärften. Es fehlte an grundlegenden Markenwerten, wie Innovationskraft, Selbstbewusstsein, Marktführungsanspruch und Wiederkennung/Konsequenz. Man zehrte aus der Vergangenheit von namhaften Kunden und Merkmalen, wie »deutsche Fertigung« oder »robuste Qualität«. Also mussten wir der Marke auf die Spur gehen, um den roten Faden zu finden.

Verglich man zum damaligen Zeitpunkt die direkten Wettbewerber, so war deutlich erkennbar, dass im Markt niemand die grobe Positionierung »emotional/wertig« besetzte. Ein emotionales Image rund um hochqualitative, technische Produkte aufzubauen – mit dem Rückenwind und den Veränderungen des Nordsterns: Dieser Differenzierungsfaktor war/ist in der Branche einzigartig und kam genau richtig.

Neben dem Verstehen der Marken-DNA, der Konzeption einer differenzierungsstarken Positionierung inklusive kommunikativer

Botschaft, dem Erarbeiten einer gruppenweiten Corporate Identity und Definition der Möglichkeiten für die Landesgesellschaften beschäftigten wir uns auch maßgeblich mit der Umsetzung. Dazu gehört das Erarbeiten von Markenelementen wie »Knacken und Klicken der Ratschen« oder Bedienoberflächen von Drehmomentschlüsseln im Netz. Konsequente Emotionalisierung ist ein wichtiger Erfolgsfaktor.

Hinzu kommt eine moderne, ungewöhnliche Markenkommunikation, die einem Marktführer von Wertigkeit etc. gerecht wird; wir legten unsere eigene Benchmark nicht allein in der Branche, sondern an sehr starken internationalen Marken an.

Kunden und Partner (offen und ehrlich) zu Wort kommen lassen

Sehr wichtig waren auch Eins-zu-eins-Gespräche, die ich persönlich mit wichtigen Kunden, Lieferanten und Mitarbeitern aus allen Bereichen auf nationaler und internationaler Ebene führen durfte. So konnten Status quo analysiert und Ideen entwickelt werden. Die daraus gewonnenen Erkenntnisse waren für unseren Strategieprozess sehr prägend und enorm wertvoll. STAHLWILLE konnte durch den gesamten Strategieprozess ergänzt durch die Impulse/mitgebrachten Erkenntnisse für alle Strategiebereiche unglaublich viele Zukunftslösungen definieren, die nach und nach die Position im Markt erarbeiten und festigen werden.

> Man braucht ein klares Ziel vor Augen.

Beispielsweise entwickelten wir im Rahmen der Produkt- & Vertriebsstrategie den ersten Online-Konfigurator für individuelle Werkstattwagen. Damit setzten wir einen weiteren Schritt in die Richtung unseres Ziels als Innovationsführer für hochwertige Drehmomentwerkzeuge, Schraubenschlüssel und Steckschlüssel, um dem Profibereich gerecht zu werden. Viele kleine Bausteine, die zum großen Ganzen hinführten.

Aus meiner Wahrnehmung hat die Geschäftsführung durch eine klare Unternehmensstrategie, passende Stoßrichtungen und Zukunftsmaßnahmen im Zusammenspiel mit einer transparenten Kommunikation zu Mitarbeitern, Partnern, Lieferanten, Kunden etc. das Unternehmen auf Kurs gebracht.

Man braucht ein klares Ziel vor Augen, große Überpunkte, die man dann fein säuberlich im Detail konzipiert und am Ende zum großen Puzzle zusammensetzt. Anders bekommt man ein Unternehmen nur schwer auf Kurs. Ein solcher Prozess – aus den negativen Zahlen hin zum Marktführer – funktioniert mit einer klaren Strategie, offensiv transparenter Kommunikation, motivierten Mitarbeitern und der nötigen Geduld.

Mit klarem Fokus zum Erfolg

Die Ergebnisse sprechen für sich und zeigen, dass man Unternehmen strategisch entwickeln kann, wenn der Fokus klar ist: Zahlreiche Neukunden im In- und Ausland bei Verbänden und beispielsweise Luftfahrtunternehmen, ein stark überdurchschnittliches Wachstum gegenüber anderen Branchenteilnehmern, schwarze Zahlen bei hohen Investitionen und Vorreiter im Thema Industrie 4.0 in Sachen Drehmomenttechnik, die drahtlos überträgt und Open-Source-Lösungen bereithält. Diese Ziele ebnen den Weg weiterhin, zum wahrgenommenen Marktführer aufzusteigen. STAHLWILLE wurde außerdem vor wenigen Monaten als eines der Top-100 innovativsten Unternehmen in Deutschland ausgezeichnet.

»Man müsste mal ... eine Strategie für die Kommune/ Stadt entwickeln«

Eine Gruppe von Institutionen, die lange Zeit nichts mit Strategie zu tun hatte, sind Gemeinden. Warum auch? Städte und Kommunen sind über Jahrzehnte, ja Jahrhunderte, einfach gewachsen. Strategie ist vielerorts kein Thema, kein Begriff und wurde nie angewandt. Man plante zwar im Hinblick auf Veränderungen und Bedürfnisse, aber richtig strategisch ging man dabei nicht vor. Banausen glauben ja bis heute, dass Kommunen und Städte nicht im Wettbewerb stehen. Das ist Blödsinn. Am Ende geht es darum, ob sich Firmen ansiedeln, somit neue Bürger gewonnen werden. Das alles ist bares Geld.

> Das alles ist bares Geld.

Durch die hohe Mobilität der Menschen, ihre zunehmende Flexibilität, den demografischen Wandel und jetzt seit etlichen Jahren durch die Digitalisierung ändert sich in diesem Bereich so einiges. Städte, Kommunen und Regionen stehen auf einmal in einem knallharten Wettbewerb, wie ihn die Unternehmen schon lange kennen. Ob eine Familie an einem Ort bleibt oder in eine andere Stadt zieht, wird von ihnen auch durch die Bindungen an einem Standort entschieden: Gibt es einen Kindergarten, Einkaufsmöglichkeiten, Ärzte, wie weit ist es zum Arbeitsplatz oder wie hoch ist die Lebensqualität? Für Unternehmen gilt das gleiche Prinzip, nur lauten die Fragen anders: Wie hoch sind die Abgaben, gibt's ausreichend qualifizierte Arbeitskräfte, wie ist die Anbindung an die nächstgelegene Autobahn und wie schaut es mit dem Breitband aus? Dauert der Bauantrag hundert Jahre mit 100 Präsenztagen – oder kann ich ihn digital per Videoverfahren abwickeln?

Strategie? Haben wir noch nie gemacht.

Als »Gemischtwarenladen« können gerade kleinere Kommunen nicht überzeugen. Sie sind austauschbar. Auf Verwaltungsseite gibt es Herausforderungen. Die knappen Haushalte sind in vielen

Städten und Gemeinden ein Thema, genau wie der demografische Wandel vor dem Hintergrund von Stellenabbau. Immer weniger Verwaltungsmitarbeiter müssen immer komplexer werdende Aufgaben in einer stark vernetzten und schnelllebigen Welt erledigen. Mit »Man müsste sich mal mit Digitalisierung befassen« kommt man nicht mehr weit und »Wir bauen das Breitband aus« ist auch keine Strategie, die die Zukunft einer Stadt sichern kann. Letzteres wäre lediglich eine Maßnahme, wie die Steigerung der Produktqualität bei Unternehmen, die ich oben bereits erwähnte, zu erreichen wäre. Die »Strategie« hätte sich rein durch das Verlegen von Glasfaserkabeln nicht verändert. Die Digitalisierung der Gemeinde oder der Stadt, die sich dann auf alles, was die Kommune betrifft, bezieht – das wäre eine Strategie.

Wo will ich hin – als Kommune oder Stadt?

Denken Sie an STAHLWILLE und den Nordstern: **Will ich die digitalste Stadt der Region werden?**

Wenn die Antwort »Ja« lautet, sind die nächsten Schritte klar:

Was müssen wir tun?

Die Gemeinde von der Verwaltung über die Betriebe bis zum öffentlichen Leben ins Zeitalter der Digitalisierung zu führen.

Wie müssen wir es tun?

Prozesse analysieren, Verantwortlichkeiten bestimmen, Budget- und Zeitrahmen definieren ...

Das sind die Fragen, die für eine Strategie zu beantworten sind.

Wie sich das abspielen kann, möchte ich stellvertretend für etliche Kommunen, die sich auf den Weg in die digitale Zukunft gemacht haben, am Beispiel des Landkreises Cochem-Zell zeigen. Er ist der fünftkleinste Landkreis Deutschlands und liegt im nördlichen Rheinland-Pfalz. Verwaltungssitz: Cochem selbst. Wie alle Kommunen steht dieser Landkreis im Wettbewerb zu anderen Gemeinden und Städten. Wenn man so will, liegt er im größeren Einzugsgebiet von Koblenz, Bonn, Trier und Kaiserslautern. Allein aus dieser Perspektive ist für den knapp 62.000 Einwohner großen Bezirk der Druck beim Stichwort »Jobmöglichkeiten« enorm. Die großen Städte haben eine breitere allgemeine Infrastruktur, die unterschiedlichsten Firmen haben sich dort angesiedelt und über das größere Kulturangebot von Städten muss man wohl kein Wort verlieren.

Solche Dinge sorgen bekanntermaßen für eine Sogwirkung. Die Menschen verlassen den ländlichen Raum, wenn dieser ihnen keine Alternativen bietet. Zumindest Grundbedürfnisse müssen gedeckt sein, will man »auf dem Land« Bürger halten. Und dazu gehört der Zugang zum Internet, denn dieser ist heute ein K.-o.-Kriterium, wenn es um die Ansiedlung eines Unternehmens oder den Kauf einer privaten Immobilie geht.

Schnelles Internet als Standortvorteil

Um die Attraktivität des Landkreises Cochem-Zell als Wirtschaftsstandort und als Wohnort zu steigern, wurde im Rahmen einer Strategie ein Glasfasernetz für alle 92 kreisangehörigen Gemeinden mit einer Gesamtstrecke von über 340 km errichtet. Das war die Grundlage, damit der Landkreis viele Prozesse und Projekte, die nur durch diese technische Voraussetzung möglich sind, in Angriff nehmen kann. Es bringt relativ wenig, wenn beispielsweise in der Verwaltung neueste Software eingesetzt wird, um bei gleichem oder gar weniger Personalbestand gleich leistungsfähig zu bleiben, wenn die Datenübertragung aufgrund einer schlechten Netzanbindung dann doch scheitert. Gleiches gilt ebenso für Bürgerservices, die internetbasiert sind. Das Stichwort laut hier: E-Government. Was dabei auch zu beachten ist: Ein effizientes Internet bildet die Grundlage für eine thematische Sensibilisierung der Bevölkerung, damit Kommunen sinnvoll und für alle Bürger in die Digitalisierung investieren können.

Die Voraussetzung für das Gelingen des Projekts »Schnelles Internet im Landkreis Cochem-Zell« war der Gemeinsinn aller beteiligten Gemeinden und Partner. Allein hätte Cochem-Zell diese Mammutaufgabe nie stemmen können. Also überlegte man sich: Wie kommen wir zum Ziel; was ist die Lösung?

Man ging hier den Weg der Public-Private-Partnership. Dabei geht es im Wesentlichen immer um die Kernfrage, mit welchen strategischen Partnern es gelingen kann, die Herausforderungen eines Standorts umzusetzen. Die Aspekte Zeit, Geld und Ressourcen sind ausschlaggebend für das Zusammengehen in Kooperationen. Der Landkreis Cochem-Zell profitierte neben anderen Partnerschaften auch von der Zusammenarbeit mit der damaligen RWE – heute innogy SE.

Wie kommen wir zum Ziel; was ist die Lösung?

Public-Private-Partnership als Lösung

Zum einen beteiligte sich der Konzern finanziell am Ausbau, zum anderen gehören ihm Leerrohre in der Region. Diese wurden für die Verlegung der Glasfaserkabel genutzt. Aufwendige Erdarbeiten konnten dadurch reduziert werden, was sich schließlich positiv auf die Investitionssumme auswirkte. Außerdem verkürzte sich die Bauphase. Cochem-Zell sparte Geld und bekam in kurzer Zeit schnelles Internet. Die Digitalisierung in der Kommune konnte ausgebaut werden. Durch das neue, leistungsstarke Netz wurde ein großer Standortvorteil geschaffen, denn nicht nur Familien, sondern auch Selbstständige und Unternehmen profitieren vom Ausbau der Internet-Infrastruktur, um Zugang zum Breitband zu haben.

Nun war ich an diesem Prozess nicht direkt beteiligt, ich habe ihn aber durch ein anderes kommunales Projekt beobachten können. Daher weiß ich nicht, wie genau Cochem-Zell die »5 Wege zum Machen« durchlaufen hat. Aufgrund meiner Erfahrung aus anderen kommunalen Projekten könnte es aber so gelaufen sein:

Die Standortdebatte ist unter den Kommunen groß. In den Gemeinderatssitzungen, Stadtparlamenten und Bürgermeisterzimmern wird lebhaft diskutiert, wie die Abwanderung gestoppt und die Attraktivität oder noch besser: die Zuwanderung – gleich ob Einwohner oder Firmen – gesteigert werden kann. Schließlich stehen diese Punkte auch mit Einnahmen aus Steuergeldern in Verbindung und damit auch mit dem Haushaltsbudget. Hat eine Gemeinde wenig Geld zur Verfügung, so hat das Auswirkungen auf Gehwege, Grünanlagen, Kindergärten und -spielplätze und was dergleichen Dinge mehr sind. Geldmangel betrifft die Grundbedürfnisse von Bürgerinnen und Bürgern und beeinflusst die Lebensqualität. Für Firmen spielen wirtschaftliche Aspekte eine Rolle, ob diese gegeben sind oder nicht.

Einsicht kommt durch den Wettbewerbsvergleich

Die Verantwortlichen in den Kommunen machen einen Eigen- & Fremdbildabgleich. Wo stehen wir, wo stehen die anderen? Oft basieren diese Diskussionen über den Standort auf eigenen Eindrücken, auch auf verfügbaren Daten oder medialer Berichterstattung. Aus dieser Diskussion, die in der Regel im Gemeinderat stattfindet, entsteht dann meist ein konkreteres »Man müsste mal ...«, aber der erste Schritt ist schon erfolgt. Durch diesen Vergleich zwischen sich und anderen Kommunen wächst die Einsicht, etwas zu ändern. Entscheidend ist aber nun, nicht in Aktionismus zu verfallen (was in Kommunen auch häufig passiert), sondern systematisch vom ersten Schritt ausgehend vorzugehen. Da die Digitalisierung nun mal Geld kostet, braucht es gerade auf dem öffentlichen Sektor eine Entscheidungsgrundlage. Das kann ein Gutachten, eine Roadmap oder eine Analyse sein, die beschlossen wird.

Während oder aufgrund dieses Gutachtens werden erste konkrete Gespräche geführt. Das geschieht auf verschiedensten Ebenen. Bürgermeister, bestimmt auch höhere Verwaltungsbeamte und Gemeinderäte, bereiten sich für die Gemeinderatssitzung vor, in der die erstellte Analyse besprochen wird. Bei dieser Analyse kann es sich zum einen um den Austausch mit Amtskollegen in anderen Kommunen handeln, die vielleicht schon zum Thema Digitalisierung Erfahrungen gesammelt haben. Dann wird mit Vertretern der Wirtschaft gesprochen, den ansässigen Unternehmen, eventuell mit deren Zentralen (nicht immer ist diese vor Ort), mit Repräsentanten diverser Kammern, Banken oder gar möglichen Investoren. Zum anderen wird die Meinung von Bürgern eingeholt, die entweder – das kommt tatsächlich vor – durch den Besuch einer Gemeinderatssitzung oder durch die Medien von dem Vorhaben der Kommune erfahren haben. Bei umfangreichen Projekten veranstalten Gemeinden in der Regel Informationsabende, wo Gutachten, Vorhaben und erste Ziele vorgestellt werden. In ländlichen Räumen erfahren die Gemeindevertreter aber auch über das persönliche Gespräch mit den Bürgern, wie die Bevölkerung denkt, worin Ängste bestehen oder von wem Zustimmung kommt.

Grundsatzentscheidung als Startschuss

Diese Summe an Meinungen und Fakten plus dem in Auftrag gegebenen Gutachten wird erneut in einer Sitzung besprochen. Aufgrund des genauen Eigen- & Fremdbildabgleichs und einer Machbarkeitseinschätzung inklusive definierter Kosten wird generell entschieden, ob die Digitalisierung gewollt ist.

Aber Vorsicht: Das ist noch immer keine Strategie! Mit dieser Grundsatzentscheidung wird erst einmal festgelegt, dass eine Strategie ausgearbeitet werden soll. Manchmal wird auch schon entschieden, wer mit den umzusetzenden Maßnahmen beauftragt wird. Entweder macht das ein Ausschuss, beispielsweise der für Wirtschaft, oder es wird einer für diese Aufgabe ins Leben gerufen, der mit Fachleuten aus der Verwaltung oder gar Externen zusammenarbeitet. Im Falle des Beispiels Cochem-Zell hat das die Breitband-Infrastrukturgesellschaft Cochem-Zell (BIG) übernommen: Es wurde eine Public-Private-Partnership gebildet.

> Das ist noch immer keine Strategie!

Die BIG ist ein Zusammenschluss aus dem Landkreis Cochem-Zell, fünf Verbandsgemeinden, einem Telekommunikationsunternehmen, der damaligen schon erwähnten RWE Deutschland AG, einem Energieversorger aus der Nähe und einem Hersteller für Software.

Letztendlich spielt keine Rolle, wie diese Ausschüsse genannt werden oder sich zusammensetzen, sie erarbeiten eine Strategie, die einzelne Ziele und Maßnahmen zu deren Umsetzung beinhaltet. Wie ich schon bemerkte, ist das Thema Strategie bei vielen Kommunen noch nicht Alltag. Die, mit denen ich arbeitete, dachten nur in einzelnen Sparten, seien die nun aufgaben- oder fachbezogen. Das Verständnis für eine Gesamtstrategie kommt erst jetzt langsam flächendeckend auf. Hier müssen alle Aspekte einer Kommune einbezogen werden: Was bedeutet »Digitalisierung der Gemeinde« für beispielsweise den Bauhof, den Friedhof, den Kindergarten, die Kirche, den Sportverein, die Gewerbetreibenden, die Infrastruktur, die Kernverwaltung, den Bürger? Und in welchen Zeitrahmen soll diese erfolgen? Mögliche Prozesse müssen durchleuchtet werden.

Ohne Roadmap keine Richtung

Es ist für die meisten Kommunen Zeit, eine digitale Agenda zu entwickeln – sprich: Eine Digitalisierungsstrategie samt Umsetzungsplan festzuschreiben. Denn, wie erwähnt, ohne Internet und IT funktionieren weder Stadtreinigung, Energieversorgung, Bildung, Verkehr, Wasserversorgung noch die allgemeine Verwaltung. Im Kern geht es dabei um ganzheitliche Kommunalentwicklungs- und Infrastrukturpolitik. Erforderlich hierfür ist ein Paradigmenwechsel, weg von einem rein verwaltungtechnischen Blickwinkel hin zu einer ganzheitlichen Betrachtung der Digitalisierung des Lebens innerhalb einer Kommune mit den Teilbereichen E-Government und Verwaltungsmodernisierung. **Kurz: Wo will ich als Gemeinde hin?**

Ohne Verbindlichkeiten – Vertrauensverlust

Ist ein Strategiepapier erarbeitet worden, tritt der Ausschuss an die Gemeindevertreter und den Bürgermeister heran und stellt es vor. Erneut wird aus den verschiedensten Perspektiven diskutiert und schließlich abgestimmt. Dieser Beschluss ist dann die Entscheidungsgrundlage und auch die Roadmap, die festlegt: Wann soll was erfolgt sein? Bereits bei den Gesprächen mit den Bürgern, den Vertretern von Wirtschaft und Institutionen, auf Informationsabenden und mit politischen Organisationen wurde eine Art Verbindlichkeit festgelegt: Die Gemeinde plant einen Digitalisierungsprozess und will ihn umsetzen. Dadurch zeigte sie die Bereitschaft für den Willen, diesen Weg zu gehen – und die Bevölkerung weiß darüber Bescheid. Jetzt, durch den Beschluss, der öffentlich bekanntgegeben wird, schafft die Gemeinde unwiderruflich die Verbindlichkeiten, die in diesem Zusammenhang stehen.

> Wann soll was erfolgt sein?

Natürlich bräuchte man sich in der Gemeinde daran nicht zu halten. Das hätte aber den ähnlichen Effekt wie »Man müsste mal …«. Vertrauen ginge verloren, das für das soziale Miteinander aber an Wichtigkeit nicht zu unterschätzen ist.

Wozu also der Aufwand, wenn es an einem Punkt auf den »5 Wegen zum Machen« scheitert? Außerdem hätte ein solches Verhalten weitreichende Folgen.

Der »erste Spatenstich« als sichtbares Zeichen der Umsetzung

Ich stelle mir das am Beispiel Cochem-Zell vor. Der Unmut von Bürgern wäre der Kreisverwaltung sicher, die Politik nähme großen Schaden und auch gegenüber den Partnern der BIG wäre das alles andere als verantwortungsvoll. Die Konsequenzen wären wohl etliche Gerichtsverfahren. Ein solcher Beschluss schafft zu Recht Verbindlichkeiten, die zum Handeln zwingen. Jetzt steht nur noch die Entscheidung an, wann die Umsetzung erfolgen soll – und da heißt die Devise: Einfach machen! Beim Digitalisierungsvorhaben im Landkreis Cochem-Zell wird das wohl der offensichtliche »erste Spatenstich« zur Verlegung der Glasfaserkabel gewesen sein. Aber bestimmt gab es vor diesem Moment schon etliche Punkte, die »einfach gemacht« wurden.

So oder so ähnlich kann es also aussehen, wenn eine Kommune, eine Gemeinde oder eine Stadt eine zukunftsweisende Strategie im digitalen Zeitalter entwickelt. Egal, wo man auf den »5 Wegen zum Machen« einsteigt, die fünf Schritte werden immer durchlaufen. Das geschieht nicht statisch nach dem Motto: erst einen Eigen- & Fremdbildabgleich machen, dann erste Gespräche führen und dann Entscheidungsgrundlagen schaffen. Meistens müssen Hindernisse überwunden werden und Glaubenssätze buchstäblich über Bord geworfen werden. Eventuell wird ein Schritt wiederholt. Liegt das Strategiepapier vor, werden wieder Gespräche geführt, besonders wenn Nachbesserungen und Ergänzungen gefordert werden oder Kompromisse eingearbeitet werden müssen. Wichtig ist aber, dass nach jedem Schritt eine Entscheidung folgt, damit der nächste folgen kann und am Ende nur noch das Machen übrig bleibt.

Zwar schrieb ich, dass in vielen Kommunen Strategie aus verschiedensten Gründen kein Thema ist. Meine Erfahrung zeigt mir jedoch, dass es auch in der Wirtschaft viele Unternehmen gibt, die Strategie falsch verstehen. Aber bei engen Märkten ist dieses Thema ein Muss und wird für alle im Zuge der Digitalisierung unumgänglich sein – selbst für die, die bisher in einer Nische gut leben konnten. Denken Sie mal an die Autoindustrie und ihre neuen Wettbewerber wie Tesla, Google oder Apple. Die voranschreitende Digitalisierung und neue IT-Technologien haben es möglich gemacht, dass Traditionskonzerne unter Druck geraten und ihre Strategie überdenken müssen, wollen sie weiter »mitspielen«.

»Man müsste mal ... die HR neu strukturieren«

Je mehr Leuten man die Frage stellt, desto mehr verschiedene Antworten scheint man zu bekommen. Jeder hat eine andere Ansicht darüber. Und man kann das Thema ja auch aus vielen verschiedenen Perspektiven betrachten – wie auch nicht zuletzt dieses Kapitel mal wieder bewiesen hat.

Seit Jahren schon ist die Wirtschaft – und hier besonders Unternehmen – darauf angewiesen, zu sparen. Wir leben nicht gerade in Zeiten von Expansion. Und sparen kann man eben am leichtesten beim teuersten und gleichzeitig auch flexibelsten Posten, den eine Firma gemeinhin hat, dem Personal nämlich. Und viele Unternehmen haben genau das getan: den Rotstift beim Personal angesetzt. Man kann viele der täglichen Aufgaben ja auch wirklich entweder outsourcen, also von externen Partnern erledigen lassen, oder man verteilt die durch Einsparung von Stellen frei gewordenen Aufgaben einfach auf die übrigen Mitarbeiter.

Der Recruiting-Experte Sascha Jecht (www.saschajecht.de) ist einer der Personal-Profis im deutschen Markt und hilft Unternehmen dabei, ihre personellen Ressourcen optimal zu managen. Seit rund 20 Jahren gehört Recruiting zum Spezialgebiet von Sascha Jecht & Team – heute teilt sich das in die Bereiche RPO, Headhunting und Interimsmanagement. Bei einem Recruitment Process Outsourcing übernimmt er den ganzen Rekrutierungs- und Einstellungsprozess. Manchmal arbeitet er auch an einigen ausgewählten Schritten der Rekrutierungskette mit (zum Beispiel bei den Rekrutierungsaktivitäten eines ausgewählten Geschäftsbereiches). So arbeitet Sascha Jecht entweder als integrierter Bestandteil oder als Erweiterung der Personalabteilung des Unternehmens.

Recruiting-Experte Sascha Jecht

An einem Beispiel möchte ich zeigen, wie Sascha Jecht einen solchen Fall löst:

Finde umgehend 50 Facharbeiter

Ein Kommunikationsunternehmen aus Hessen hatte gerade einen großen Deal abgeschlossen und durfte ein langfristiges Projekt bei einem Automobilzulieferer stemmen. Dazu war es notwendig, die Mitarbeiteranzahl innerhalb von wenigen Monaten von seinerzeit 70 auf etwa 120 zu erhöhen. Anders ausgedrückt, der Personalstamm musste um über 70% erhöht werden. Das stellte das Unternehmen vor eine enorme Herausforderung, die die eigenen Möglichkeiten überstieg.

Um schnell agieren zu können, musste man also einen Partner finden, der diese Herausforderungen versteht und sie bewältigen kann. Das Kommunikationsunternehmen wandte sich an die Beratungsfirma von Sascha Jecht. Er sollte den gesamten Recruitment-Process-Outsourcing-Prozess (kurz RPO) abwickeln und begleiten. RPO-Dienstleister beschäftigen sich konzentriert mit diesem Aspekt der Personalsuche, haben mehr Routine im Finden von passenden Mitarbeitern und einen guten Überblick über das Geschehen am Markt. Die Anforderungen der Personal- und Firmenchefs werden damit an den RPO-Dienstleister, wie hier an Sascha Jecht, übertragen. Er kümmert sich um das gesamte Such- und Auswahlverfahren, bis schließlich infrage kommende Kandidaten präsentiert werden können. Es liegt dann nur noch an der Firmenleitung, die potenziellen Mitarbeiter für ihr Unternehmen zu verpflichten.

Mit Know-how und Plan das Ziel erreicht

Sascha Jecht musste also innerhalb kurzer Zeit 50 Fachkräfte finden, und das auf einem knappen Arbeitsmarkt. Es lag also die Bereitschaft zur Einstellung von zusätzlichem Personal vor und damit auch die Verbindlichkeit: »Wir stocken auf.« Jecht führt in der Regel danach folgende Schritte durch: Nach ersten Gesprächen sieht er sich das Unternehmen genau an. Welche Strategie hat es bereits entwickelt, welche warten noch auf ihre Umsetzung? Wie sieht das in Bezug auf Produkte, auf den Service, auf die Dienstleistungen in den nächsten Jahren aus? Was ebenfalls wichtig ist, ist die Außenwirkung. Wofür steht die Firma, warum sollte jemand hier arbeiten wollen? Diese Erkenntnisse gleicht er mit dem ab, was der Markt, wie er weiß, zu bieten hat. Anhand dieser Analyse plus der Vorgabe erarbeitet Jecht die Recruitmentstrategie – sprich die Roadmap: Was brauche ich, um mein Ziel zu erreichen? Ab diesem Zeitpunkt ist Jecht in der Regel klar, wie er vorzugehen hat. Zum Schluss bleibt für das Unternehmen nur noch die Entscheidung: Stellen wir den Kandidaten nun ein oder nicht?

Tatsächlich schaffte es Sascha Jecht auf diese Weise innerhalb weniger Monate, 40 Stellen zu besetzen. Für seinen Kunden bedeutete das, er konnte seine Zusagen bezüglich des Deals einhalten. Selbst 12 Monate nach Abschluss des großen Projekts arbeiten in dem Kommunikationsunternehmen noch gut 95% der damals eingestellten Mitarbeiter.

Headhunting: Recruitment under Cover

In einem anderen Fall wollte ein Softwareunternehmen aus Nordrhein-Westfalen ein besonderes Entwicklerteam aufbauen, um ein Softwareprodukt auf den Markt zu bringen, das nach Fertigstellung in Konkurrenz zu anderen Produkten gehen sollte. Das Delikate an diesem Auftrag war also, dass die Suche nach geeigneten Softwareentwicklern weitestgehend ohne Aufmerksamkeit von Wettbewerbern vor sich gehen sollte.

Der Auftrag an Sascha Jecht und seine Leute lautete, ein Team von sieben qualifizierten Mitarbeitern zusammenzustellen, ohne dass im Markt jemand davon Kenntnis erlangt. Im Gegensatz zu vielen anderen Branchen ist der Markt für Mitarbeiter auf diesem Gebiet sehr überschaubar. Gute Programmierer werden laufend gesucht, und wenn es zu starken Personalbewegungen kommt, erfährt der Wettbewerb auf jeden Fall davon. Nach sorgfältiger Vorbereitung wurde eine sehr aufwendige Suche gestartet, die fast ausschließlich über das telefonische Recherchieren von Namen und Rufnummern erfolgte. Auch in diesem Fall durchlief Jecht die »5 Wege zum Machen« gemeinsam mit dem Kunden. Deutschlandweit konnte schlussendlich ein sehr effektives Team von zwei Senior-, vier Advanced- und einem Juniorentwickler gefunden werden – und das binnen drei Monaten. Dass Sascha Jecht die Anonymität des Kunden während des gesamten Headhunting-Prozesses wahren konnte, ist dabei ein ganz besonderer Erfolg. Wie beide Cases zeigen, hat sich auf dem Personalmarkt einiges verändert. Früher war es einfach. Man hat eine Stelle annonciert, dazu geschrieben, was man sich vom Bewerber wünschte, und konnte sich als Unternehmen unter den Zusendungen denjenigen aussuchen, der am besten zu passen schien. Das ist heute kaum noch möglich und nur in wenigen Branchen ist das noch gang und gäbe. In den Zeiten von Fachkräftemangel und 1,2 Millionen unbesetzten Stellen ist ein Kampf um die besten und am besten qualifizierten ausgebrochen. Man muss neue Wege gehen, um gute Mitarbeiter zu finden, die das Unternehmen auch tatsächlich im gedachten Sinne voranbringen. Mit denen eine Veränderung machbar ist.

»5 Wege zum Machen«

Doch dazu muss man Recruiting tatsächlich anders denken. Herausforderung gibt es wie bei allen anderen Dingen eben auch beim Personal.

Unternehmen müssen verstehen, dass der Bereich Personal nicht eine reine Administrationsabteilung ist. Wenn es darum geht, die Zukunft des Unternehmens auch auf der personellen Seite zu sichern, muss der Bereich Personal in eine aktive Rolle versetzt werden sagt Jecht. Besonders im Recruiting ist es wichtig, aktiv zu werden. Dabei sollten sich Unternehmen gedanklich in einen Rollentausch versetzen, der folgendermaßen aussehen könnte. Man könnte beispielsweise daran denken, wie man selbst eine Bewerbung geschrieben hat, um sich bei einem Unternehmen zu bewerben. Als Erstes hat man einen optisch und inhaltlich ansprechenden Lebenslauf gestaltet. Danach ist man zu einem Fotografen gegangen, um professionelle Fotos zu machen, um diese der Bewerbung beizufügen. Am Ende hatte man eine schöne Mappe aus Anschreiben, Deckblatt und Lebenslauf. Heute bewerben sich aber die Unternehmen beim Kandidaten. Es geht also darum, dem potenziellen Kandidaten eine Bewerbung des Unternehmens zu präsentieren. Die Webseite, Karriereseite, die Social-Media-Auftritte des Unternehmens sind also das Foto und der Lebenslauf und die aktive Ansprache der Kandidaten könnte das Anschreiben sein. Wenn Unternehmen anfangen, aus der Bewerberbrille auf ihr Unternehmen zu schauen, wird manche Erkenntnis gewonnen werden.

Entscheidend ist dabei das Wissen:

WOHIN wollen wir?

WAS müssen wir tun?

WIE tun wir es?

»Man müsste mal ... interne Kommunikation machen«

Haben Sie Familie? Sicherlich. Selbst wenn Sie keine eigene Familie haben, kommen Sie aus einer. In Familien wird viel kommuniziert. Es geht um Alltägliches, Smalltalk, es werden Vorhaben besprochen, Vorfälle geklärt oder es wird sich einfach nur unterhalten. Mal wird gestritten, diskutiert, gelacht und beschlossen. Vieles, was in einer Familie besprochen wird, ist für die Außenwelt nicht bestimmt und geht nur sie selbst etwas an. Gut, nicht immer wird das eingehalten, aber im Prinzip ist es so. Wenn man so will, praktizieren Familien automatisch interne Kommunikation. Kaum einer denkt darüber nach. Wie schwierig interne Kommunikation gelegentlich ist, weiß daher eigentlich jeder.

In Firmen spielt die interne Kommunikation eine große Rolle – gleich, ob es sich um einen kleinen Betrieb handelt oder große Konzerne. Interne Kommunikation in Unternehmen meint weniger den Austausch zwischen den Kollegen in der Kaffeeküche, wobei der auch Einfluss nehmen kann. Eigentlich geht es hier um alle Informationen, die Abläufe, Fertigungsprozesse, die Buchhaltung, das Marketing, den Vertrieb, die Rechtsabteilung und die Firmenmitglieder betreffen, beeinflussen und steuern. Das ist auf den ersten Blick klar.

Die Praxis zeigt jedoch oft ein anderes Bild

Wenn die interne Kommunikation an einer oder mehreren Stellen nicht funktioniert, fällt das häufig erst spät auf. Für Pannen, Fehler oder Reklamationen werden zunächst andere Gründe gefunden: Lieferung zu spät gekommen, Probleme im Computersystem, Maschinenpark harmonisiert nicht oder das gelieferte Material entspricht nicht der gewünschten Qualität – die Liste ist lang. Eine nicht funktionierende Kommunikation wird erst dann wahrgenommen, wenn es um Schuldzuweisungen geht: Der Computer läuft nicht, weil die IT wieder etwas neu eingestellt hat. Dass die Lieferung beim Kunden verspätet ankam, liegt am Fahrer. Die Maschinen kommen ewig ins Stocken, weil der Einkauf Mist bestellt hat.

In solchen Momenten heißt es von der Firmenleitung oft, man müsste mal die interne Kommunikation verbessern, eine Mitarbeiterbefragung machen, ein Kommunikationstraining ansetzen oder Klartext reden.

Nun könnte man meinen, dass Menschen, deren Beruf Kommunikation ist oder die sich damit täglich befassen, diese Probleme nicht haben. Weit gefehlt! Ein Unternehmen, das in der FinTech-Branche gerade bekannt wird und sich etabliert, hatte solche Probleme bis vor Kurzem, weshalb nicht nur der landesweite, sondern auch der internationale Ausbau stockte – er kam fast zum Erliegen.

Verbindlichkeiten geschaffen, ohne diese einzuhalten

Das Problem an der Sache war, dass die Firma vollmundig ihre Expansion gegenüber Partnern und Kunden angekündigt hatte, aber die Internetpräsenz und die anderen Medien (das Informationsmedium Nummer 1) dieser Ansage nicht entsprach. So war die Internetseite nicht einmal zweisprachig!

In der Firma wurde ausschweifend im Stile von »Man müsste mal ... das Kommunikationskonzept überdenken, mit den Webdesignern reden, Zuständigkeiten definieren, Aufgaben klar verteilen und so weiter und so weiter« diskutiert. Jeder hatte etwas zu sagen, jeder hatte eine Meinung – es herrschte ein wahres Meinungschaos. Irgendwann platzte dem Firmeninhaber der Kragen. Er stand unter Druck, denn er war sowohl intern wie außerhalb Verbindlichkeiten eingegangen und hatte damit auch die Bereitschaft zum Handeln zum Ausdruck gebracht. Immerhin: Einer von fünf Punkten »auf dem Weg zum Machen« war also erfüllt. WO wollen wir hin, konnte er beantworten. WAS müssen wir tun und WIE machen wir es, waren für ihn nicht greifbar. Da er sich – für mich nicht verständlich – verantwortlich fühlte, briefte ebenso niemand. Da er sich – für mich unverständlich – für eine Beantwortung dieser Fragen aber auch nicht verantwortlich fühlte, briefte er auch niemanden. Und so blieb eben alles ungelöst.

Doch was nun?

Wie sollte der nächste Schritt aussehen? Er traf eine Entscheidung: Er wollte zur Lösung seines Problems einen externen Berater hinzuziehen. Das war gar nicht dumm, denn das schaffte letztendlich die Voraussetzung, um weitere Schritte zu gehen und das Chaos aufzulösen.

Die Herausforderung: weltweit agierende Mitarbeiter

Weil er von der »Klartext-Tour« gehört hatte, wandte sich der Unternehmensgründer an mich (www.dominic-multerer.de). Er befürchtete, dass die Mitarbeiter und er den Wald vor lauter Bäumen nicht mehr sähen. Einer der Punkte auf den »5 Wegen zum Machen« – erste Gespräche zur Lösung des Problems – war also erfolgt. Bevor ich aber mit den entscheidenden Personen im Unternehmen Klartext reden konnte, ihnen also sagen konnte, wo ihr Fehler liegt oder wie ihre interne Kommunikation gestaltet sein sollte, musste ich mir erst einmal ein eigenes Bild machen. Das war in dem Falle nicht einfach, weil am Hauptsitz des Unternehmens nur ein kleines Team agierte. Die Mehrzahl der Mitarbeiter waren weltweit verstreut – von München über Kopenhagen und Manila bis Los Angeles.

Ein Teil meiner Arbeit bestand also darin, Gespräche zu führen, nach deren Zusammenfassung weitere Entscheidungen erfolgen sollten. Schnell stellte sich heraus, dass die unterschiedlichen Zeitzonen der verschiedenen Standorte eine wesentliche Rolle spielten. Trafen sich die Mitarbeiter in Deutschland morgens um 8 zur Videokonferenz, war es für die Kollegen in Los Angels 11 Uhr am Abend davor und für die in Manila drei Uhr nachmittags. Die Mitarbeiter in Los Angeles hatten schon einen ganzen Tag hinter sich und waren eigentlich nicht mehr aufnahmefähig, wie ich bei der ersten Teilnahme an einem Firmenmeeting selber feststellte. Das hatte, wie Sie sich denken können, einen gewissen Einfluss auf die Qualität der Gespräche, denn ein müder Kopf denkt ungern.

Die zweite Hürde, die ebenfalls mit den Zeitzonen zusammenhing, war der Umstand, dass der Firmeninhaber selber viel in der Welt unterwegs war und dennoch bei jeder Videokonferenz dabei sein wollte. Es sah dann so aus, dass entweder das Team aus Manila, Los Angeles oder einem anderen Standort nicht dabei war oder der Chef selber fehlte. Im letzteren Fall arteten die Videokonferenzen in hitzige Debatten aus. Mich wunderte überhaupt nicht, warum der Betrieb des Unternehmens alles andere als zielgerichtet und koordiniert war. Jeder »Abteilung«, ja jeder Mitarbeiter werkelte auf seinen Aufgabenfeldern herum, wobei nicht einmal die für einige von ihnen klar waren. Mir fielen viele einzelne Gespräche unter den Mitarbeitern auf, in denen über Kollegen und den Chef hergezogen wurde. Jeder wusste es besser. Wohin ich auch hörte: »Man müsste mal ...«.

> Wohin ich auch hörte: »Man müsste mal ...«

Hindernisse durch fehlende, klare Strukturen und Anweisungen

Also führte ich diverse Einzelgespräche, um mir einen Überblick über die Lage zu verschaffen. Schuldzuweisungen und Rechtfertigungen standen ganz oben: Ich kann die Kunden nicht optimal betreuen, weil keine entsprechenden Unterlagen vorhanden sind. Die Homepage kann nicht fertiggestellt werden, weil die ITler selten an den Meetings teilnehmen und deshalb wichtige Informationen nicht direkt bekommen. Wir können nichts entscheiden, da wir keine Kompetenzen haben.

Und das sind nur ein paar der Sätze, die ich zu hören bekam. Was sofort auffällt: All diese Argumente mögen teilweise richtig sein, aber sie sind auch die Hindernisse, warum man in der Firma einfach nicht ins Handeln kam. Sicher kennen Sie das auch aus Ihrem Berufsalltag: Entweder man baut sich selber ein Hindernis auf –

»Ich kann nicht, weil …« – oder Hindernisse ergeben sich durch fehlende, klare Strukturen oder Anweisungen.

Wie soll Wasser denn auch fließen, wenn ich einen Damm ins Flussbett baue?

Was ich hier – und übrigens auch in vielen anderen Projekten – feststellte: Es fehlte das Bewusstsein für Hindernisse. Denn Hindernisse blockieren.

Wenn also der Satz »Man müsste mal …« fällt, muss man sofort die Frage stellen: »Woran scheitert es, dass nicht gehandelt wird? Was hindert einen, den Schritt zu gehen?«

Nach Abschluss der Gespräche stellte ich eine Liste mit Herausforderungen auf, an denen die interne Kommunikation in diesem Unternehmen meiner Ansicht nach scheiterte. Ich muss zugeben, auch für mich war es eine Herausforderung, die verantwortlichen Mitarbeiter in den unterschiedlichen Zeitzonen zu erreichen, wenn sie gerade am Arbeitsplatz waren.

Das Entscheidende ist: Für diese Herausforderungen gab es am Ende begründete Lösungsvorschläge.

In den Gesprächen ergab sich außerdem bereits der Eigen- & Fremdbildabgleich: Wie sieht es in meiner Abteilung aus, wie in den anderen und wie läuft es der Erfahrung nach in anderen Unternehmen, in denen die Mitarbeiter schon teilweise gearbeitet hatten? Diese Erkenntnisse hielt ich ebenfalls fest.

Um dann mit allen Klartext zu reden, war es sinnvoll, alle Entscheidungsträger an einen Tisch zu bekommen. Dazu musste wieder eine Entscheidung gefällt werden, nämlich die, wo und wie dieser Klartext-Tag durchgeführt werden sollte. Der Firmeninhaber schlug ein Hotel am Standort Kopenhagen als neutralen Ort vor. Dass nicht alle dorthin anreisen konnten, war uns bewusst. Dieses Meeting war jedoch den Mitarbeitern so wichtig, dass alle bis auf die Kollegen aus Los Angeles nach Kopenhagen kamen. Die Mitarbeiter in den USA wurden per Video zugeschaltet. Es war also möglich, nach einer klaren Entscheidung zu handeln. Das Treffen demonstrierte den Willen aller. Das war eine wesentliche Voraussetzung, auf deren Basis ich aufbauen konnte.

Regeln für den Klartext-Tag

Im Konferenzraum des Hotels in Kopenhagen schrieb ich alle Punkte auf, die mir während der Gespräche und bei meinem Besuch am deutschen Standort aufgefallen waren. Als Nächstes legte ich die Regel fest, dass ich kein »Man müsste mal ...« hören möchte, ebenso keine Schuldzuweisungen, Rechtfertigungen oder Gründe, warum man etwas nicht machen kann. Lösungen waren gefragt, die von allen getragen würden. Das Ziel war, am Ende des Tages eine generelle Entscheidungsgrundlage für die Implementierung einer Struktur und von Prozessen für die interne Kommunikation zu schaffen. Danach gab es nur noch die Möglichkeit zur Umsetzung – sprich zum Handeln. Es war der 5. Punkt auf dem Weg zum Machen. Das Unternehmen, seine Mitarbeiter und auch der Chef haben alle 5 Schritte, die zum Handeln führen, durchlaufen.

Aus verständlichen Gründen kann ich keine Details nennen, aber ich kann einige wesentliche Entscheidungen aufzeigen. Als Erstes wurden klar die Kompetenzen definiert. Zwar gab es diese bereits, jedenfalls standen die Zuständigkeiten fein geschrieben auf den Visitenkarten, aber sie waren weder verinnerlicht noch eindeutig abgegrenzt und für alle kommuniziert. Nach der gemeinsamen Konferenz konnten auch die »Abteilungsleiter« ihren Kollegen an den verschiedenen Standorten unmissverständlich mitteilen, wer wofür zuständig ist.

Kompetenzgerangel wurde so beseitigt.

Auch das Kompetenzgerangel wurde so beseitigt. Festgelegt wurde: Das Team, das für die internationale Kommunikation zuständig ist, gibt den Ton an. Alle nationalen Einheiten haben sich danach zu richten und die Anweisungen auf die Bedürfnisse ihres jeweiligen Standorts herunterzubrechen.

Die Wege des Machens wurden durchlaufen und wichtige Ankerpunkte wie:

- WOHIN wollen wir?
- WAS müssen wir tun?
- WIE tun wir es?

wurden **GEMEINSAM** festgezurrt. Und es wurde **KLAR** benannt, **WARUM** wir dies so angehen, wie wir es angehen.

Sollte ein Standort aus welchen Gründen auch immer eigene Wege gehen wollen, sind diese künftig mit dem internationalen Marketing abzustimmen. Auftauchende Fragen, die nicht selber gelöst werden können oder die Kompetenzen übersteigen, werden einmal in der Woche an einem »jour fixe« besprochen. In dringenden Fällen können Videokonferenzen nach Abstimmung kurzfristig einberufen werden. Wichtig war ebenso, dass allen bewusst werden musste, international zu denken – die entscheidende Voraussetzung für den weltweiten Ausbau. Das war nicht allen klar, wie ich bei den Gesprächen herausfand.

Kompromisse können ebenfalls Teil der Lösung sein

Das Zeitzonenproblem wurde gelöst. Es wurde allen klargemacht, dass aufgrund der erheblichen Zeitunterschiede ein Kompromiss gefunden werden musste. Es konnte nicht angehen, dass sich alle nach der Zeit am deutschen Standort zu richten hatten, wenn diese um 8 Uhr morgens MEZ den Bürobetrieb aufnahmen. Diese Entscheidung war auch für den Chef bindend, der den Beginn der Konferenzen immer von seinem Aufenthaltsort abhängig machte. In diesem Zusammenhang wurde ebenfalls festgelegt, dass der Chef nur an Konferenzen teilnimmt, wenn es etwas zu besprechen gibt, das ihn auch betrifft, oder er eine generelle Entscheidung zu treffen hat. Ansonsten haben die einzelnen Standorte und Verantwortlichen selber für Lösungen oder Optimierungen zu sorgen.

Gemeinsames Commitment schafft Verbindlichkeiten

Ganz wesentlich war das gegenseitige Commitment, keine Ausreden mehr zu finden, wenn etwas umgesetzt werden sollte oder nicht funktionierte. Lösungen finden war die verbindliche Zusage aller. Der Satz »Man müsste mal ...« wurde kurzerhand komplett gestrichen. Wenn jetzt jemand einen Vorschlag hat, so wird dieser allen betreffenden Positionen vorgestellt. Wird er dann abgelehnt, ist das Thema vom Tisch. Wenn der Vorschlag allerdings sinnvoll ist, werden die »5 Wege zum Machen« durchlaufen, egal in welcher Reihenfolge, bis eine Entscheidung zur Umsetzung gefällt wird. Diese ist dann konsequent umzusetzen.

Mittlerweile funktioniert die interne Kommunikation. Die Abläufe im Unternehmen sind harmonisch geworden. Das ist jetzt auch nach außen hin sichtbar. Die Fragen von Kunden und Partnern nach Zuständigkeiten oder zu Projekten sind wesentlich geringer.

Was zeigt dieses Bespiel und auch die anderen, die ich Ihnen in diesem Kapitel vorgestellt habe? Zum einen ist es wichtig, sich bewusst zu werden, welche Hindernisse es gibt und wie sie behindern. Zum anderen zeigen alle Beispiele, wie die »5 Wege zum Machen« funktionieren, was sie auslösen, und schließlich, wie sie zum Handeln führen – ganz automatisch. Dabei ist es unwesentlich, mit welchem Punkt man beginnt, ob es nun erste Gespräche sind, der Eigen- & Fremdbildabgleich oder dass man Verbindlichkeiten schafft, was dann zum nächsten Schritt führt. Das kann eine Entscheidung sein, die ersten Gespräche oder die Aufbereitung einer Entscheidungsgrundlage. Diese fünf Punkte ziehen sich wie ein roter Faden durch alle Beispiele, so unterschiedlich sie auch gewesen sind.

*»Jetzt wünsche ich mir,
ich hätte das getan.«*

Stefan Kuntz, Fußball-Europameister 1996

5 MAN MÜSSTE MAL

HÄTTE ICH MAL …

Wer zu lange und zu oft nach dem Ansatz von »Man müsste mal …« verfährt, der kommt zwangsläufig nach verpassten Gelegenheiten oder verhinderten Chancen zu der Einsicht »Hätte ich mal …«. Das hatten wir ja schon ausführlich in den ersten beiden Kapiteln. Zu ändern ist dann nichts mehr. Vertan ist vertan. Was bleibt, ist die Einsicht, entweder untätig gewesen zu sein oder dass man anders hätte entscheiden sollen. Sicherlich hat jeder schon mal gedacht »Hätte ich mal … entschieden, gehandelt oder reagiert.« Das sollte aber dazu führen, es beim nächsten Mal anders zu machen.

Ein Bekannter von mir bekam vor ein paar Jahren die Gelegenheit, in den USA für eine Marketingagentur zu arbeiten. Wow, denken Sie sich, was für eine Chance! Stimmt – so ein Angebot läuft einem nicht jeden Tag über den Weg. Er freute sich auch sehr darüber – zunächst. Je mehr er sich aber damit auseinandersetzte, desto mehr Zweifel stellten sich ein. Er hatte Bedenken.

Es »lebe« der Konjunktiv

Wir trafen uns zu der Zeit regelmäßig in einem Restaurant gegenüber seiner Wohnung. Es war kein Szeneladen, sondern eher zum gemütlichen Essen und Verweilen. Der Inhaber war ein lebenslustiger, offener Typ – und das trotz seiner Erkrankung: Er litt unheilbar an Lymphdrüsenkrebs. Das Restaurant war sein Lebenselixier. Eines Abends waren wir seine letzten Gäste. Er schaute meinen Bekannten an und fragte, was los sei. Daraufhin erzählte mein Freund von seinem Angebot, aber er wisse nicht so recht. Eigentlich müsste man das annehmen, aber hier habe er eine gute Position in seiner jetzigen Agentur, habe Freunde, drüben müsste er neu anfangen und wisse nicht, was die Zukunft bringe. Was ist, wenn der Job ein Flop ist? Ich konnte diese ganze Argumentationskette schon nicht mehr hören: wenn, aber, müsste, hätte und könnte.

Der Inhaber hörte sich das geduldig an und sagte dann geradeheraus: »Blödsinn! Was hast du zu verlieren? Du kannst nur gewinnen, und wenn es eine Erfahrung mehr ist. So eine Chance muss man einfach ergreifen! Ob es eine gute Idee ist oder nicht, wirst du nur erfahren, wenn du es machst. Hier in Deutschland kannst du nur theoretisieren. Und was bringt dir das? Nichts! Du wirst durch das Grübeln nur unzufriedener, beraubst dich anderer Chancen und gehst deiner Umwelt auf den Nerv! Schau mich an. Was habe ich zu erwarten außer der Kiste? Würde ich so denken wie du – man müsste mal dies oder das – wie viel wertvolle Lebenszeit würde ich durch solche Gedanken verlieren! Ich möchte später nicht auf einer Wolke sitzen, mich ohrfeigen und mich sagen hören, hätte ich mal ...! Ich lebe hier und jetzt. Meine Zeit tickt. Wenn ich etwas will, dann mache ich es. Will ich nach Paris, dann fahre ich dahin, möchte ich das Spiel Köln gegen Hamburg sehen, kaufe ich mir ein Ticket, und wenn ich jetzt noch meinen Bierlieferanten wechseln will, dann mache ich das. Es gibt also nur zwei Möglichkeiten – entweder du gehst in die USA oder nicht. Ende der Durchsage!«

Manchmal braucht man den Tritt in den Hintern

Was soll ich sagen, für meinen Freund war das die Initialzündung, endlich aktiv zu werden – erste Gespräche zu führen, Entscheidungsgrundlagen zu schaffen, Roadmap zu erstellen usw. Als er fast alles zusammen hatte – nur noch das Visum und die Kündigung bei seiner Agentur standen noch aus –, erhielt er ein Schreiben von der amerikanischen Agentur, die ihr Angebot zurückzog. Er war natürlich geknickt. Abends saßen wir wieder beim Restaurantbetreiber, der sich nach dem Stand der Dinge erkundigte. Mein Bekannter erzählte ihm, dass es nichts wird. »Und?«, sagte der Wirt. »Du hast alles getan, um die Chance zu nutzen. Es sollte nicht sein, aber du wirst dir nie in den Hintern beißen und sagen ›Hätte ich mal …‹, denn du *hast* und darauf kommt es an.«

Das ist nach wie vor eine krasse Geschichte, finde ich, weil hier zwei unterschiedliche Welten aufeinandertrafen. Der eine zögerte mit der Chance vor seiner Nase und der andere, dessen Zeit langsam ablief, hatte die einzig richtige Einstellung: Egal, einfach machen und dann weitersehen. Wie unterschiedlich das Thema »Hätte ich mal …« verlaufen oder aufgefasst werden kann, schildern im Folgenden fünf Persönlichkeiten in Gastbeiträgen:

1. Ute Flockenhaus (ehemalige Programmchefin beim GABAL Verlag)

2. Stefan Kuntz (Trainer der deutschen U21-Fußballnationalmannschaft)

3. Andreas Rind (Consultant und Trainer für CAD-Software)

4. Antonio Brissa (Gründer von Pensaki.com)

5. Benjamin Achenbach (Business Development Manager bei EF Education (Deutschland) GmbH)

Ute Flockenhaus

Ute Flockenhaus, Jahrgang 1961, hat Germanistik, Philosophie und Politikwissenschaft studiert und ist seit 1987 in der Buchbranche tätig. 1992 bis 2016 hat sie das Programm des GABAL Verlags verantwortet. Seit 2016 ist sie selbstständig und unterstützt als Autorencoach und Literaturagentin Autoren und Verlage bei der Konzeption und Produktion von Büchern. Überdies ist sie als Dozentin und Autorin tätig. www.uteflockenhaus.de

Man müsste mal was anderes machen, etwas Neues anfangen. Bei mir war es die Kündigung meines Jobs als Programmleiterin in einem Buchverlag. Nach über 20 Jahren in der gleichen Position, mit den gleichen halbjährlichen Aufgaben, wie dies in Buchverlagen üblich ist, ist der Wunsch nach Veränderung eigentlich naheliegend. Jedenfalls, wenn man so gestrickt ist, dass Routinen und das Verwalten eines Status quo einen nicht ausfüllen und glücklich machen. Dennoch brauchte es kräftigere Impulse, um die Entscheidung, den Job zu kündigen, auch wirklich zu treffen und in die Tat umzusetzen. Wieso entscheidet man sich? Ich glaube, man entscheidet sich – zumindest bei wichtigen, weitreichenden Dingen – aus zwei möglichen Gründen: Entweder weil man dadurch etwas dazugewinnt oder weil man sonst etwas verliert. Im Idealfall addieren sich die beiden Gründe sogar. So war es auch bei mir. Zum einen wurde mir klar, dass ein »Weiter so« in diesem Job auf lange Sicht meinen Spaß an der Arbeit und auch meine Gesundheit gekostet hätte. Zum anderen lockte mich der Gedanke, etwas Eigenes zu machen und frei entscheiden zu können. All dies war reizvoll.

Love it, change it or leave it. Die beiden ersten Optionen waren hinreichend durchdekliniert. Blieb also nur Option drei. Das war mir im Moment meiner Entscheidung glasklar. Und es spielte auch keine Rolle, wie es nach der Kündigung weitergehen könnte. Für meine berufliche Situation gab es im Moment der Entscheidung keinen Plan B, keine Hintertür. Und schon gar kein Zurück, auch wenn das Bitten groß war. Ich wusste, dass meine Entscheidung richtig und alternativlos war, weil alle anderen Möglichkeiten schon durchgespielt waren. Die Frage ist, ob es grundsätzlich empfehlenswert ist, einen langjährigen und sicheren Job zu kündigen, ohne einen Plan B in der Tasche zu haben. Ausgehend von meinen eigenen Erfahrungen kann ich sagen: Ja, kann man machen. Denn Entscheidungen öffnen neue Spielräume, neues Denken, neue Wege.

Es passieren Dinge, die niemals passieren würden, wenn man in den alten Bahnen weiterläuft. Und oftmals verliert man einfach viel Zeit, wenn man darauf wartet, bis sich ein Plan B am Horizont zeigt. Entscheiden – springen – und dann losschwimmen. Es wird schon wieder Land in Sicht kommen. Jedenfalls ist das meine Erfahrung. Außerdem war bisher jedes Neuland, das ich betreten habe, besser als das, was ich zurückgelassen habe. Hätte ich auch schon früher kündigen können? Viele meiner Freunde haben mir das immer wieder nahegelegt. Aber ich brauchte die Zeit, musste sicher sein, dass ich die Option »change« ausgeschöpft hatte. »leave« war für mich immer die schlechteste Option und ich hätte mir nicht verziehen, leichtfertig und kampflos alles hinzuschmeißen. Heute sehe ich diese Option positiver. Jobs zu wechseln und Unternehmen zu verlassen ist eine der wesentlichsten Freiheiten, die man in einem Angestelltenverhältnis hat. Die jüngeren Leute ziehen dieses Ass heutzutage sehr viel schneller, und Führungskräfte sind gut beraten, sich darauf einzustellen.

Stefan Kuntz

Stefan Kuntz, Jahrgang 1962, ist ehemaliger deutscher Fußballnationalspieler und -funktionär. Einen ersten Höhepunkt seiner Karriere erzielte er 1996 bei der Europameisterschaft: Nicht zuletzt dank seines 1:1-Tors im Halbfinale gegen England gewann die deutsche Mannschaft damals den Pokal. Nach seinem Abschied als Spieler wechselte Kuntz 1999 auf die Trainerbank. Er trainierte Borussia Neunkirchen, den Karlsruher SC und Waldhof Mannheim. Seit August 2016 ist er Trainer der deutschen U-21-Nationalmannschaft.

In meinem Leben gibt es nur wenige Situationen, auf die ich zurückschaue und bei denen ich denke: Damals hätte ich es besser anders gemacht. Im Großen und Ganzen bin ich mit meinem Leben zufrieden und kann sagen, dass es gut gelaufen ist. Nur eines tut mir, wenn ich so auf die letzten 25 Jahre meiner Karriere zurückblicke, wirklich leid: Dass ich damals, 1995, den Verein verlassen habe, für den ich zu der Zeit spielte: Beşiktaş Istanbul.

Mein Leben in Istanbul war im Rückblick sehr schön. Nicht nur für mich, sondern auch für meine Familie. Sohn Marc ging in den Kindergarten und Tochter Laura besuchte die Schule. Beide fühlten sich sehr wohl. Uns gefiel die Stadt und Beşiktaş war ein wirklich toller Verein mit klasse Kollegen. Wir wurden in meiner letzten Saison 1995/96 in der Türkei mit der Mannschaft letztendlich nur 3. in der ersten Liga, aber es war trotzdem ein gutes Ergebnis. Meine Popularität in der Türkei war sehr hoch – was mir natürlich gut gefiel.

Kurz vor Saisonstart 1996/97 bekam ich das Angebot, wieder für einen deutschen Verein zu spielen: Arminia Bielefeld. Das war eines der wenigen Male, die ich nicht aus dem Bauch heraus entschied, sondern mich nach rationalen Gesichtspunkten richtete. Zwar sollte mein Vertrag mit Beşiktaş noch 2 Jahre laufen, aber es sprach vieles für Deutschland. Mein Sohn kam in die Schule, wir würden wieder in Deutschland sein. Hinzu kam, dass der damalige Trainer von Beşiktaş, Christoph Daum, kurz zuvor entlassen worden war. Als seine Nachfolger waren fast ausschließlich Ausländer im Gespräch, und die Vereinsregeln besagten, dass nur 3 Ausländer beschäftigt werden dürften. Ich war sicher, dass so für mich kein Platz mehr wäre, da der neue Trainer sicher seine eigenen Leute mitbrächte. Allerdings war das eher eine Vermutung denn konkretes Wissen. Also gingen wir trotz der Aspekte, die für Istanbul sprachen, nach Bielefeld, um dort neu anzufangen.

Im Nachhinein würde ich das nun nicht unbedingt eine Fehlentscheidung nennen. Auch in Bielefeld und danach ging es durchaus positiv für mich weiter. Aber der Rückblick zeigt mir auch, dass es sicher besser gewesen wäre, hätte ich den Auslandsaufenthalt verlängert und für die Zeit danach Netzwerke, Kontakte und Verbindungen aufgebaut. Jetzt wünsche ich mir, ich hätte das getan. Meine Lebensqualität und die meiner Familie war in Istanbul sehr viel besser. Besonders in der ersten Zeit, denn in der deutschen Presse fand ein Verein wie Beşiktaş damals natürlich noch nicht in der Form statt, wie das oft heute der Fall ist. Insgesamt denke ich schon, dass ich damals sicher besser in Istanbul geblieben wäre. Aber oft denke ich nicht an diese Entscheidung zurück.

Andreas Rind

Andreas Rind, geboren 1965, begann seine Karriere als Trainer für das CAD-Softwareprogramm Creo Parametric vom Technologie-Konzern PTC Inc. Das Unternehmen stellt Software unter anderem für Computer-aided Design (CAD), Product-Lifecycle-Management, Application-Lifecycle-Management und Service-Lifecycle-Management her. Rind ist seit rund 20 Jahren Trainer für PTC und schult Mitarbeiter und Kunden von Unternehmen und Konzernen wie Volkswagen in der Verwendung der Software, aber er ist auch Experte in der Konstruktion und Produktentwicklung.

Es ist Montag, ein wolkenloser kalter Wintermorgen. Ich sitze in meinem Auto auf dem Parkplatz bei meinem Kunden und beobachte einen malerischen Sonnenaufgang. In 30 Minuten startet die CAD-Schulung, die ich als Trainer halte, also habe ich noch etwas Zeit. Langsam schiebt sich die orangerote Scheibe aus den Baumkronen nach oben. Es ist fast schon kitschig, aber wann nimmt man sich schon mal die Zeit, einen Sonnenauf- oder Sonnenuntergang zu genießen? Während ich dieses eindrucksvolle Schauspiel beobachte, kommt mir der Gedanke, dass dies doch fast so schön ist wie im Urlaub. Ja, im Urlaub nimmt man sich die Zeit, einen solchen Sonnenaufgang so richtig zu genießen. Aber wie viele dieser fantastischen Sonnenaufgänge habe ich denn? 365 im Jahr, 3650 in 10 Jahren und rund 36.500 in 100 Jahren. Ja, ich möchte 110 Jahre alt werden und habe mit 52 schon fast die Hälfte der Sonnenaufgänge hinter mir. Wie viele davon habe ich bewusst gesehen? Wie viele werde ich überhaupt noch sehen und wann habe ich die Zeit, diese zu genießen?

In diesem Augenblick wurde mir klar: Da muss ich was ändern!

Man müsste sich mal mehr Zeit nehmen, um solch tolle Naturschauspiele zu beobachten. Man müsste ... nur mal beginnen. Wie oft schon habe ich in meinem Leben gedacht, ich müsste mal dies und ich müsste mal das, denn das wäre gut für mich. In meiner ersten Ausbildung als Spengler hatte ich ebenfalls an einem kalten Wintermorgen den Gedanken, ich müsste mal meinen Meisterbrief machen, damit ich wie mein Meister im warmen Mercedes von Baustelle zu Baustelle fahren kann und nicht mehr draußen bei -18° Blechfassaden oder Dachrinnen montieren muss. Fünf Jahre später, nach meinem Sturz vom Dach und eine Umschulung zum Universal-Fräser stand ich in der mechanischen Fertigung an meiner Drehmaschine, als ein Zeitaufnehmer aus der Arbeitsvorbereitung bei mir die Zeit für die Bearbeitung eines Teils stoppte. Wieder dachte ich, man müsste vielleicht seinen Meister machen, dann bräuchte man sich nicht die Zeit auf die Sekunde genau vorschreiben zu lassen. Oder noch besser: Ich mache meinen Techniker und gehe in die Konstruktion! Doch wieder tat ich nichts. Weitere fünf Jahre später wurde der Firmenstandort geschlossen. Mit diesem Wink des Schicksals habe ich mich dann endlich bewegt und meinen Maschinenbau-Techniker gemacht.

Man müsste mal den Anzug in die Reinigung bringen, man müsste mal die Steuererklärung machen, man müsste mal Getränke holen und die Garage müsste man auch wieder mal aufräumen. Ach ja, der Garten müsste auch mal wieder in Ordnung gebracht werden. Ich habe es mit To-do-Listen versucht, ich habe es mit Terminkalendern versucht, aber vieles davon habe ich dann doch weder angefangen noch fertig gemacht. Warum? Vielleicht bin ich einfach nicht der Typ, der strukturiert nach Listen arbeitet.

Trotzdem: Das sind doch meine Träume, und ein ganz großer Traum war von Anfang an, dass ich schon immer Meister werden wollte, um mich selbstständig zu machen. Ja, man müsste mal!

Als ich an jenem kalten Wintermorgen im Auto saß und den Sonnenaufgang betrachtete, habe ich einen Entschluss gefasst. Schluss mit »Man müsste mal ...!«, denn es ist jetzt so weit: Ich lebe meinen Traum und mache mein Hobby zu meinem Beruf. Ich werde selbstständig und übernehme die Verantwortung für mich, mein Leben und meine Familie. Als CAD-Trainer im Creo-Parametric-Umfeld habe ich mir in den letzten 20 Jahren einen Namen gemacht. Wenn ich mich jetzt selbstständig mache, kann ich mein Leben so gestalten, wie ich will.

Aber eine Entscheidung alleine reicht nicht, um erfolgreicher Unternehmer zu werden. Wie das Wort schon sagt, muss man auch etwas unternehmen und da hilft das »Man müsste mal ...« nicht weiter. Also wie schaffe ich es, ohne To-do-Listen, Kalender oder sonstige Hilfsmittel ins Handeln zu kommen?

»Man müsste mal ...« sich Gedanken darum machen, ob man das, was man machen müsste, auch wirklich tun muss oder ob es nur eine momentane Wunschvorstellung ist. Manchmal hat man ja auch einfach nur Lust auf Schokolade, aber vielleicht muss man sie in diesem Augenblick wirklich nicht essen. Welchen Gedanken von all diesen »Man müsste mal ...!« muss man wirklich umsetzen – und welchen nicht?

Eigentlich ist es ganz einfach. Doch nicht alles, was einfach ist, fällt auch leicht! Zum Beispiel ist es einfach, jeden Morgen eine halbe Stunde zu joggen. Aber es fällt einem alles andere als leicht, dies auch konsequent umzusetzen – vor allem, wenn man im Winter damit starten will. Wenn mir heute der Gedanke »Ich müsste mal ...« durch den Kopf geht, dann überlege ich immer erst einmal, was passiert, wenn ich das nicht tue. Was werde ich verlieren oder vermissen, wenn ich das »Ich müsste mal ...« nicht umsetze? Im Klartext lautet die Frage doch: »Ist es überhaupt wichtig?« Wenn nein, streiche ich den Gedanken. Wenn ja, setze ich mich näher damit auseinander.

Wenn ich mich für ja entschieden habe, setze ich mich mit meinem neuen Projekt auseinander. Wenn man sich einen neuen Anzug kaufen will, ist das ähnlich: Man geht in der Regel in ein Geschäft und probiert dieses Kleidungsstück an. Mir ist es schon oft passiert, dass mir das, was ich mir vorher angesehen und vorgestellt habe, angezogen gar nicht mehr gefallen hat. Stattdessen habe ich dann eine andere Farbe, Schnitt oder Marke gekauft. Und genauso halte ich es mit meinen Aufgaben und Projekten. Ich probiere sie erst einmal in Gedanken an. Ich setze mich für ein paar Minuten hin und überlege, wie es ist, wenn die neue Aufgabe oder das neue Projekt erfolgreich umgesetzt ist. Was wird dann sein, welche Vorteile habe ich daraus, wie fühlt es sich an? Was ist eigentlich der Grund hinter dem Grund, warum ich meine Aufgabe oder Projekt umsetzen möchte? Und genauso wie im Geschäft kommt es vor, dass man den wahren Grund erkennt, warum man etwas tun möchte. Ich erkenne, ob ich in das Projekt passe und das Projekt zu mir. Ich erkenne hin und wieder auch, dass ich eigentlich etwas anderes damit bezwecke und dass es zu diesem Ziel einen besseren Weg gibt.

Wenn ich mir meine Ziele also schon im Kopf ausmale, erreiche ich, dass ich sehe, warum ich es mache und wozu es führt. Ob es zu mir passt und was die Vorteile sind. Ich visualisiere mein Projekt wie der Spitzensportler seinen Sieg und habe somit den Vorteil, dass ich es im Unterbewusstsein verankere. Dadurch habe ich ein viel größeres Verlangen danach, das Projekt umzusetzen. Die Erfolgschance steigt exponentiell an und der Erfolg kommt schon fast von alleine.

Je älter ich werde, desto öfter schaue ich auch zurück. Ich denke darüber nach, was ich alles hätte machen können. Ja, ich habe immer gedacht: »Man müsste mal.« Aber wann habe ich es getan? Wenn ich heute Resümee ziehe, dann bereue ich nicht das, was ich getan habe, sondern eher die Dinge, die ich nicht getan habe.

Und wie genial ist es, wenn du morgens die Augen aufmachst und richtig Bock auf das hast, was dich heute in deinem Job erwartet? Das ist fast das gleiche Gefühl, als wachtest du morgens im Urlaub auf und freust dich auf einen fantastischen Tag. Ich habe das »Man müsste mal ...« in »Ich werde ...« getauscht. So komme ich ins Handeln und in die Umsetzung.

Deshalb werde ich jetzt ganz oft einen herrlichen Sonnenuntergang von meinem Schreibtisch in meinem Büro sehen und genießen.

Antonio Brissa

Antonio Brissa ist Gründer von Pensaki.com, einer SaaS-Marketinglösung. Vor der Gründung von Pensaki im Jahr 2014 war er bei SAP weltweit für einen Cloud-Geschäftsbereich als SVP Business Network verantwortlich. Zu SAP kam er infolge der Übernahme der Crossgate AG 2011, wo er 8 Jahre lang das internationale Wachstum verantwortet hat. Antonio Brissa ist Diplom-Kaufmann mit einem Abschluss von der HHL Leipzig Graduate School of Management.

Grundsätzlich halte ich diese rückwärtsgewandte Denkweise – »Ach hätte ich doch nur!« – für glatten Selbstbetrug und daher für nicht sinnvoll. Es gibt ausschließlich das Heute, das Hier und Jetzt, in dem wir leben, alles andere ist eine glatte Illusion. In der Tat gab es einmal das Angebot, als Co-Founder bei einem Start-up mitzumachen. Allerdings habe ich damals abgelehnt, mitzumachen. Der Co-Founder war sehr seriös und kompetent, aber das Geschäftsmodell per se war nichts, mit dem ich mich persönlich identifizieren konnte, und zudem hatte ich gerade einen ziemlich coolen Job. Das Projekt ging so in die Richtung Glücksspiel, wenn auch vollkommen seriös. Das Unternehmen hat sich letztendlich sehr erfolgreich entwickelt, mit ca. 300 Mitarbeitern.

Bereue ich meine damalige Entscheidung? Keinesfalls. Das Projekt hat einfach nicht zu meinen Erfahrungen, Interessen und Werten gepasst, und zudem war ich beruflich einfach noch nicht so weit. Auch wäre es falsch zu denken, dass sich die Dinge genauso entwickeln, wie es letztendlich passiert ist. Es gibt x Einflussfaktoren auf dem Weg zu unternehmerischem Erfolg, die nur im perfekten Zusammenspiel diesen Erfolg auch produzieren. Wenige exogene

Einflussfaktoren sind in der Lage, den Verlauf tatsächlich maßgeblich im Positiven wie im Negativen zu beeinflussen. Wer weiß schon, ob es alleine auf der erfolgskritischen zwischenmenschlichen Ebene geklappt hätte? Beim Geld hört bekanntlich jede Freundschaft auf. Selbst die beste unternehmerische Idee führt nicht zwangsläufig zum Erfolg, dafür sind viele weitere Parameter erforderlich und zuletzt auch immer eine ordentliche Portion Glück. Im Venture-Capital-Bereich rechnet man damit, dass ca. 80 Prozent aller Beteiligungen pleitegehen bzw. höchstens die Investitionssumme sicherstellen. Und das nicht, weil die 80 Prozent idiotische Beteiligungen mit unterbelichteten Gründern waren, sondern weil dort einfach das Zusammenspiel der Einflussfaktoren für unternehmerischen Erfolg nicht funktioniert hat.

C'est la vie, sagt der Franzose. Veränderung birgt immer Risiken, denn die Entscheidung für etwas Neues führt zwangsweise dazu, das bestehende Zusammenspiel der Einflussfaktoren maßgeblich zu verändern.

Nachhaltiger Erfolg ohne Risiko ist eine Illusion. Risikoaversion führt zwangsweise dazu, lieber nichts zu tun als etwas Falsches. Das genau ist das Problem fast jeder größeren Organisation: Die Mitarbeiter werden praktisch geradezu angewiesen, lieber den Ball flach zu halten, um sich keinen unnötigen Risiken auszusetzen. Wer sich von der Masse abhebt, steht im Rampenlicht – und erntet schlimmstenfalls die Schadenfreude aller anderen. Erfolgreiche Veränderungen brauchen daher eine enorme eigene Überzeugung von der Sinnhaftigkeit des eigenen Vorhabens. Nur so kann man sich den Widrigkeiten entgegensetzen, wenn einem der Wind ins Gesicht bläst. Wem hier die erforderliche Überzeugung fehlt, wird zwangsläufig zu den 80 Prozent der gescheiterten Unternehmer gehören.

Hingefallen? Aufstehen, Staub abklopfen, Krönchen richten, weitermachen ... bis es klappt. Gut, dafür braucht es eine sehr besondere – unternehmerische – Persönlichkeitsstruktur. Die haben allerdings nur sehr, sehr wenige Menschen, denn reden ist bekanntlich viel einfacher, als Dinge anzupacken und zu verändern. Das geht nur, wenn man die erforderliche Selbstüberzeugung mitbringt und ein stabiles Wertesystem sein Eigen nennt, an dem man sich orientieren kann.

Benjamin Achenbach

Benjamin Achenbach studierte »International Business« an der University of Maastricht. Er durchlief Praktika bei Henkel und BBDO, bevor er ein Trainee-Programm bei Metro Cash & Carry Deutschland absolvierte. 2007 folgte der Sprung in die strategische Unternehmensentwicklung des Konzerns. 2009 wurde er Geschäftsführer der Monkey's Gastronomie GmbH&CO. KG. Seit 2015 ist Achenbach bei EF Education (Deutschland) GmbH Business Development Manager und mittlerweile als Country Product Manger für 2000 Kunden verantwortlich.

Fakt: Dinge, die ich anders gemacht hätte, wenn ich auf mein Bauchgefühl (oder meine Frau) gehört hätte

Ich bereue das, was ich getan habe, nicht. Ich denke, dass es für alle Menschen besonders auf eines ankommt: sich selbst zu finden. Auf dem Weg dahin sollte man auf seine Intuition hören – die Stimme, die den »Bauch« ausmacht. Oft vergisst man diese Stimme aber. Schon während meiner Zeit bei der Metro dachte ich: »In diesem hoch politischen Laden werde ich nicht glücklich.« Ich habe dort mit dem Geschäftsführer in der Strategie zusammengearbeitet. Aber wir konnten vieles nicht umsetzen, weil es politisch nicht gewollt war. Ende 2008 ergab sich dann die Chance, die Restaurantkette »Monkey's« in Düsseldorf zu übernehmen, die mein Vater, der Kunsthändler Helge Achenbach, aufgebaut hatte. Der damalige Geschäftsführer, der erst ein paar Monate da war, hatte gekündigt. Die vergangenen Jahre zeigten, dass die eingesetzten

Manager auf teuer und abgehoben machten. Die Gäste blieben aus und die Kosten liefen aus dem Ruder. Millionen-Verluste waren das Resultat. Die Ausgangslage konnte also kaum schlechter sein für einen naiven und in der Gastronomie absolut unerfahrenen jungen Mann. Aber ich war erst 27 und durfte mich Geschäftsführer nennen. Wow! Anerkennung im Freundes- und Bekanntenkreis. Wovon träumt man sonst in dem Alter? Ein gefundenes Fressen für die Presse. Dass mich allerdings die Marke Monkey's zu dem Zeitpunkt begeisterte und weniger das Restaurantgeschäft, sei dahingestellt. Ich startete also mit viel Enthusiasmus in den neuen Job, merkte aber recht schnell, dass Gastronomie ein »knochenhartes« Geschäft ist.

Meine Mission: Die Verluste mussten gestoppt werden. Ein neues Design und ein neues Konzept waren gefragt. Es ging alles zügig. Ich rackerte sechs bis sieben Tage die Woche zwölf Stunden am Tag. Einkaufspreise, etwa für Wäscherei oder Wareneinsatz, sowie Verwaltungskosten wurden gesenkt. Das Personal reduzierte ich von 85 auf 55 Mitarbeiter. Ich schuf die Geschäftszweige Catering und Events, organisierte Kochkurse und bot Weinproben an. Schließlich verpasste ich dem Monkey's East ein neues Design, neue Köche und ein Business-Lunch-Konzept. Diese Kombination schien erfolgreich zu sein. Doch blieb dabei eine Person auf der Strecke. Ich selbst. Ich war nicht glücklich. Ich kam gerade mit den »Schickimicki«-Kunden nicht klar, hatte keine Zeit mehr für Sport und Privatleben, nahm mehr als 15 Kilo zu und stand zwischenzeitlich kurz vor dem Burn-out. Die Beziehung zu meinem Vater war rein geschäftlich geprägt. Ich litt unter seiner Autorität und der Art und Weise, wie er die Unternehmensgruppe führte, aber auch mich persönlich behandelte. Der enorme Druck und Stress in der Gastronomie taten ihr Übriges.

Hinweise von engen Freunden und von meiner Freundin, die ich im Jahr 2010 kennenlernte und die jetzt meine Frau ist (der größte Glücksfall in meinem Leben neben meinen Kindern), ich würde an dem Wahnsinn kaputtgehen und müsste da raus, ignorierte ich.

Ich funktionierte nur und spielte meine Rolle für die »Show«. Wurde aber immer unglücklicher. Das eigene Bild im Spiegel missfiel mir, oft begleiteten mich Bauchschmerzen auf dem Weg zur Arbeit. Damals habe ich mich aber wohl so zwei- bis dreimal die Woche nach Feierabend gefragt: Was hat mich eigentlich veranlasst, das sichere Ufer der Metro zu verlassen?

Lange hatte Monkey's keine positiven Zahlen geschrieben. Irgendwann ging es aber aufwärts. Die Zahlen wurden besser, viele verlorene Gäste wiedergewonnen. Mein Vater insistierte, dass es an der Zeit wäre, einen Stern für die Restaurantkette zu holen. Ob das wirklich der richtige Weg fürs »Monkey's« sei? Die meisten Sterne-Restaurants schreiben Verluste, denn das Geschäft ist sehr aufwendig, impliziert große Investition, hohe Waren- und Personalkosten. Das Irrsinnige an diesem Weg ist, dass es vor allem darum geht, den Testern zu gefallen und ihre Kriterien zu erfüllen. Viele Kunden legen aber gar keinen Wert darauf, wie teuer das Geschirr ist oder wie schön das Essen aussieht, sondern vielmehr, wie gut das Essen schmeckt und dass man satt wird! Tasächlich gelang es uns im Dezember 2012, das Monkey's West mit einem Stern zu beschmücken. Dass wir dabei aber den positiven wirtschaftlichen Trend, den wir vorher hart erkämpft hatten, zunichte gemacht haben, war egal. Die Leute sprachen drüber. Jetzt hat die Familie auch noch einen Stern geholt.

Meine Zweifel wurden aber immer größer. Die Streitigkeiten mit meinem Vater waren an der Tagesordnung. Ich arbeitete nur noch in den Tag hinein. Ohne große Freude. Meine Frau meinte, wenn es nichts für mich sei, dann sollte ich einen Schlussstrich setzen. Sie machte sich ernsthafte Sorgen. Ich solle doch etwas anderes versuchen. Auch Freunde merkten, dass »diese ›Monkey's‹-Sache« etwas war, das mir nicht entsprach. Aber so einfach war das leider nicht, ich war auch gesellschaftlich gebunden und entsprechend in einem Abhängigkeitsverhältnis.

Dazu kam mein Ehrgeiz, weiterzumachen, nicht aufzugeben und mich durchzubeißen. Ich war schon immer ein Kämpfer im Leben. Mein Ziel war es, die Marke Monkey's über die Grenzen hinaus bekannt zu machen. Ich wollte mir nicht eingestehen, dass es besser gewesen wäre, aufzuhören. Meine innere Stimme signalisierte mir zwar eindeutig, wohin die eigentliche Reise gehen sollte. Weg vom Monkey's und dem ungesunden Umfeld. Ich hörte nicht auf sie. Das würde sich ganz bald rächen ...

Im Juni 2014 verbrachte ich die Pfingstfeiertage mit meiner Frau auf Norderney. Wir waren gerade mal 2 Wochen verheiratet. Da erhielt ich eines Morgens einen Anruf des Familienanwalts: Benny, dein Vater wurde heute morgen am Flughafen verhaftet. Ich war geschockt. Wie? Was? Wieso? Das muss ein Irrtum sein. Doch im Laufe der Zeit wurde ich eines Besseren belehrt. Ihm wurde Betrug vorgeworfen und er wurde zu 6 Jahren Haft verurteilt. Von heute auf morgen durfte ich fast im Alleingang alle Firmen-Insolvenzen abwickeln, unzählige Gespräche mit Rechtsanwälten und Beratern führen, die verachtenden Blicke der sonst so freundlichen Gäste in den Restaurants spüren. Meine Frau und ich hatten viele schlaflose Nächte und waren einer enormen psychischen Belastung ausgesetzt, die durch das ständige negative Pressegewitter und die Existenzängste verstärkt wurde. Das Abwenden von »Freunden« mir gegenüber wurde zur Normalität. Am Ende war die ganze »Achenbach Unternehmensgruppe«, die über mehrere Jahrzehnte aufgebaut wurde, zerschlagen. Ich war am Boden zerstört. Mein Vater im Knast, der Nachname durch die Presse ruiniert und ich stand ohne jegliches Einkommen da. Ich war mitten in der größten Krise meines Lebens. Ich verlor alles, wofür ich die letzten Jahre gekämpft hatte. Allerdings nie den Glauben daran, dass es auch wieder besser wird.

Mittlerweile, mit einigem Abstand betrachtend, kann ich wirklich von einem, ja, Befreiungsschlag sprechen. Ja – ich bin froh und dankbar, wie es sich letztendlich für mich entwickelt hat. Seither höre ich viel mehr auf meine innere Stimme. Versuche, achtsamer zu sein und bewusster zu handeln. Mich mit Menschen zu umgeben, die mir guttun. Gebe mein Wissen und meine Erfahrungen täglich in meinem Job, aber auch im privaten Leben gerne weiter. Halte mich von negativen Energien fern und habe gelernt, für das einzustehen, was ich für richtig halte. Die Wahrheit zu erkennen und auszusprechen.

Ich möchte meine kurze Geschichte mit einem Zitat enden lassen: »Jedes Leben hat ein Maß an Leid. Manchmal bewirkt eben dieses unser Erwachen« (Buddha). Ich bin sehr dankbar für dieses Erwachen. Die wahrhafte Freude und das Glück konnte sich erst dadurch entfalten.

»Eine Idee wird erst dann zur Innovation, wenn sie umgesetzt wird.«

Dominic Multerer

6 MAN MÜSSTE MAL

TSCHÜSS KONJUNKTIV, HALLO INDIKATIV

Erinnern Sie sich noch an den Fall mit dem Geschäftsinhaber, der alle seine Anweisungen im Konjunktiv in falsch verstandener Freundlichkeit formulierte? »Könnten Sie das Lager neu organisieren?« – »Wir müssten mal das Marketing überarbeiten.« – »Der Vertrieb könnte anders aufgestellt werden.« Und so weiter.

Die größten Hürden, die viele von uns daran hindern, ins Handeln zu kommen, sind: Ängste, eine gewisse Ohnmacht vor ungemütlicher, anstrengender Arbeit, unklare Ziele oder einfach nicht zu wissen wie die Zukunft aussieht, die vor uns liegt. Oft brauchen Dinge Zeit, bis sich die ersten Erfolge zeigen. Einfach nichts zu tun, ist eine Verlockung und scheint dann oft die bequemste Lösung zu sein. Nichts tun, macht eben nichts!

Wesentlich leichter fallen uns Ausreden ein. »Wenn das Wetter besser ist, gehe ich joggen!« – »Wenn ich erst mal in Rente bin, werde ich aufhören mit dem Rauchen!« – »Wenn das Marketing steht, kümmere ich mich um neue Verkaufsflächen!« – »Wenn der Vertrieb neu strukturiert ist, erschließen wir neue Märkte!«

Das sind alles Ausreden, wie wir sie, bewusst oder unterbewusst, jeden Tag benutzen. Sie dienen zur Beruhigung unseres Gewissens – mehr nicht. Wie fadenscheinige Begründungen eingesetzt werden und welche Auswirkungen sie haben, verdeutlichte ich in Kapitel zwei. Wenn es um Ausreden geht, gibt es keine Unterschiede zwischen kleinen Betrieben, großen Konzernen oder dem Privatleben. Die Wahrheit in allen Fällen ist: Wir sind nicht nur verantwortlich für das, was wir tun, sondern auch für das, was wir nicht tun! Und genau das bremst uns auf Dauer aus, verhindert unseren Erfolg bzw. den des Unternehmens und führt uns früher oder später ins Abseits. Die daraus resultierende Erkenntnis »Hätte ich mal ...« ist dann wenig hilfreich.

Wenn ich erst mal in Rente bin

Auch diesen Blickwickel habe ich durch Statements ganz unterschiedlicher Persönlichkeiten beleuchten lassen. Die Quintessenz ist: Sicherlich gab es Momente, in denen man über das weitere Vorgehen nachdachte. Dennoch stellten alle für sich auf ihre persönliche Weise fest, dass sie in der Gegenwart leben und sie eben aus diesem Grund entscheiden müssen, was zu tun ist – oder sich, wie es Antonio Brissa ausdrückte, denken: »›Ach, hätte ich doch nur ...!‹ – ist glatter Selbstbetrug und daher für mich nicht sinnvoll. Es gibt ausschließlich das Heute, das Hier und Jetzt, in dem wir leben, alles andere ist eine glatte Illusion.«

Der einzig richtige Weg ist also ANFANGEN. »Just do it!«

Voraussetzungen für ein erfolgreiches Handeln, um wirklich anzufangen und keine Ausreden vorzuschieben, sind zwei elementare Punkte:

1. **Es ist dein Leben, dein Unternehmen, deine Aufgabe, deine Verantwortung – also ändere es selbst!**

   Kleine Kinder fordern schreiend die Hilfe von ihren Eltern ein, wenn ihnen etwas geschehen ist. Das ist normal, denn schließlich sind Mama und Papa für das Wohl ihrer Kinder verantwortlich. Als Erwachsener sind wir selber verantwortlich für das, was wir tun oder eben nicht. Die Verantwortung, die wir haben, ist nicht abschiebbar – auch wenn die Versuchung groß ist, das zu tun.

2. **Wenn Entscheidungen oder Veränderungen notwendig sind – handle sofort!**

   Ein Aufschub ist keine Option! Veränderungen oder neue Wege funktionieren nur dann, wenn man sie sofort angeht. Eine bloße Vorstellung im Sinne von »Man müsste mal ...« bewegt nichts. Wann immer Sie eine Idee, ein Vorhaben oder ein Ziel haben und daran denken, was dafür zu tun wäre, müssen Sie sofort Maßnahmen ergreifen. Die »5 Wege zum Machen«, die ich Ihnen anhand unterschiedlichster Beispiele vorgestellt habe, sind der »Fahrplan«, mit dem Sie unweigerlich ins Handeln kommen – ohne Ausreden!

Big Why: Ein Motiv ist entscheidend für den Antrieb

Was bringt es mir, wenn ich mir ein Ziel setze, aber ich nicht weiß, warum ich das machen sollte? Das Ziel und das »Warum« stehen immer in einem engen Zusammenhang. Auf dieses Zusammenspiel haben Glaubenssätze und Gewohnheiten erheblichen Einfluss. Das Multerer-Management-Dreieck verdeutlicht das:

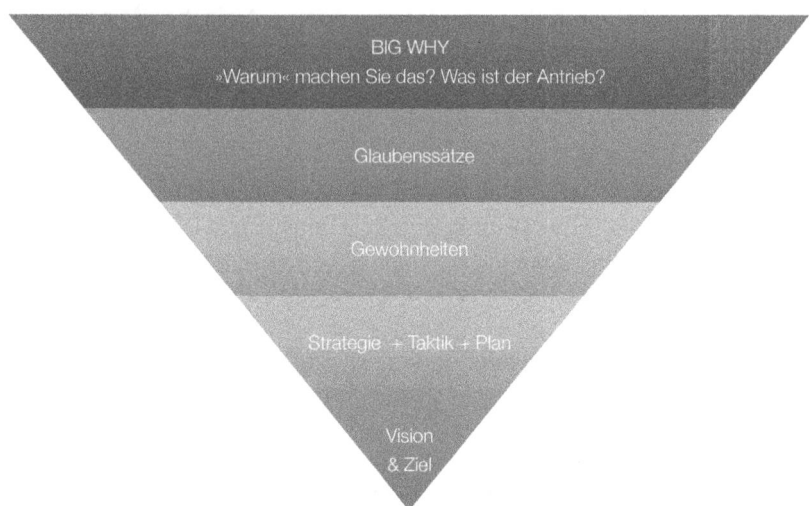

Fragen Sie in Zukunft: Warum wollen Sie Ihre Vorstellung, Ihre Idee eigentlich durchsetzen? Wo wollen Sie hin? Diese Fragen sollten Sie sich auf jeden Fall beantworten können. Dann hinterfragen Sie Ihre Glaubenssätze und Gewohnheiten. Denken Sie daran, dass sich Ihre Gewohnheiten nach Ihren Glaubenssätzen ausrichten! Sind diese störend oder stellen gar ein Hindernis dar, ändern Sie sie umgehend. Entwickeln Sie eine Strategie mit entsprechenden Taktiken und legen Sie Ihre Überlegungen in einem Plan fest. Dabei sind drei Fragen wesentlich:

- **WOHIN wollen wir?**
- **WAS müssen wir tun?**
- **WIE müssen wir es tun?**

Auch mit kleinen Schritten kommt man ans Ziel und der direkte Weg ist in den wenigsten Fällen die optimale Lösung. Umwege erweisen sich oft als zweckmäßiger.

Das ist jedoch nicht die Antwort auf die zentrale Frage, wie man ins Handeln kommt. Dabei helfen Ihnen die von mir definierten

Grundsätze, die ich Ihnen ausführlich im dritten Kapitel vorgestellt habe. Es sind keine klassischen Regeln, die nach einer festgelegten Reihenfolge funktionieren oder einzuhalten sind. Sie können in jeder beliebigen Abfolge angewendet werden. In einigen Fällen können einige Schritte gar parallel erfolgen. Die von mir skizzierten Schritte oder Logiken geben eine Orientierung, das große Problem zu lösen, wie man ins Handeln kommt. Sie zeigen konkret auf, was man tun kann/muss.

1. Erste Gespräche führen: Kommunikation ist wichtig. Sie dient neben dem Einholen von Informationen auch der Reflexion. In beiden Fällen befasst man sich dadurch intensiv mit seinen Gedanken, Zielen oder Vorhaben. Entweder verwirft man dabei einiges, weil sich anderes als vorteilhafter erweist, oder man baut seine Gedanken weiter aus.

2. Eigen- & Fremdbildabgleich: Wenn man so will, ist das die Standortbestimmung. Wo stehe ich eigentlich? Wie sehen mich andere? Was habe ich oder was fehlt mir im Gegensatz zum Wettbewerb? Zum einen setze ich mich bewusst mit mir, meiner Organisation bzw. meinem Unternehmen auseinander. Zum anderen bietet diese Form der Analyse auch die Möglichkeit, den »blinden Fleck« zu enttarnen, den man nun mal in der Eigenwahrnehmung hat. Andere sehen viel leichter und unvoreingenommener etwas – emotionslos –, was man selber gar nicht sehen kann oder nicht sehen will. Es ist eine 360-Grad-Betrachtungsweise, die die Basis entweder für eine Entscheidungsgrundlage, den Anlass für Gespräche oder das Definieren von Standpunkten bietet.

3. Bereitschaft und Verbindlichkeiten provozieren: Bei Verbindlichkeiten geht es darum, konkret zu werden. Sie sind gleichzusetzen mit Verpflichtungen. Einen Rückzieher gibt es nicht. »Man müsste mal ...« und Konjunktiv haben hier absolut keinen Platz. Eine Verbindlichkeit weckt Erwartungen und fördert die Bereitschaft, etwas zu unterstützen, bei etwas anzupacken

oder sich auf etwas Neues einzulassen. Eine Bereitschaft ist ein Commitment, etwas gemeinsam zu tragen und mitzumachen. Dafür braucht es aber eine klare Grundlage – eine deutliche Ansage. Nur dann kann ich mich entscheiden, ob ich mich auf etwas einlasse oder nicht.

4. Entscheidungsgrundlagen schaffen: Hier geht es darum, eine Roadmap – also eine »Straßenkarte« – zu erstellen. Es gilt herauszufinden und zu definieren, wie man von A nach B kommt, und sich gewissermaßen für den Weg zum Ziel eine Route zu überlegen. Dazu gehört eine Strategie: Die Maßnahmen, mit denen man die Strategie umsetzen und das Ziel erreichen will. Hier werden Budget, Manpower, Zeitrahmen, Partner und Etappenziele festgelegt. Diese Grundlagen oder Eckdaten sind für jeden, der involviert ist, verbindlich.

5. Entscheidungen treffen – das Drama: Je größer und je vielfältiger das Angebot, desto mühsamer wird es, die richtige Wahl zu treffen. Aber was ist richtig? Ob eine Entscheidung »richtig« oder »falsch« war, stellt sich immer erst später heraus. Viel wichtiger ist, dass man sich im notwendigen Zeitrahmen entscheidet! Wenn alle Fakten vorliegen oder notwendige Gespräche geführt wurden, gibt es nur zwei Möglichkeiten: machen oder nicht! Der springende Punkt ist, dass entschieden wird! Eine Entscheidung ist der zentrale Punkt, der auch zugleich der Beginn des Handelns oder des nächsten Schrittes ist. Sie ist etwas Endgültiges. Nach einer Entscheidung gibt es kein Zurück. Und im Konjunktiv-Modus kann nichts entschieden werden!

Also, um ins Handeln zu kommen, ist es erforderlich, mit einem Schritt zu beginnen, damit alle anderen – gleich, wie sie angeordnet sind – durchlaufen werden können. Am Ende des Prozesses gibt es nur noch diese Option: machen oder nicht machen!

Man muss es nicht alleine machen ...

Nun, nicht jeder ist in der Lage – auch nicht mit der Hilfe dieses Buches –, die »5 Wege zum Machen« alleine zu gehen. Einige meiner Beispiele haben das gezeigt, obwohl die Personen allesamt für sich gesehen erfahren sind und viel berufliches Wissen haben. Manchmal ist es eben so, dass man »den Wald vor lauter Bäumen« nicht sieht, wie ich an anderer Stelle erwähnte. Außerdem ist es nicht immer leicht, sich selber zu betrachten und zu reflektieren. Das liegt in der Natur der Sache. Es ist daher empfehlenswert, sich externe Unterstützung zu holen, wenn Sie neue Wege gehen, überholte Glaubenssätze streichen und festgefahrene Gewohnheiten ändern wollen.

> Das liegt in der Natur der Sache.

Ich selbst – und auch das von mir gegründete Institut für Wachstumschancen & Innovationen – begleiten solche Prozesse. Herausforderungen werden verstanden, Lösungen entwickelt und die Prozesse gesteuert. Wir stehen den Aufgabenstellungen, Ihrem Unternehmen und Ihren Partnern neutral und unvoreingenommen gegenüber. Kern der Arbeit des IWCI ist die mehrfach angesprochene und beispielhaft dargelegte Methode der Klartext-Tour. Wir schauen uns einfach an, »Was ist gut und was ist schlecht oder verbesserungswürdig.« Anders ausgedrückt: Wir reden einfach mal mit dem Kunden und matchen quasi als Sparringspartner. Dabei geht es im Prinzip um den Eigen- & Fremdbildabgleich. Es sind 1:1-Gespräche auf Augenhöhe. Ferner sprechen wir mit den Zielgruppen. Das können Bestandskunden, Interessenten, Mitarbeiter oder auch Partner sein, die wir entweder via Telefon oder direkt – physisch – interviewen.

Eine Klartext-Tour schafft Mehrwerte und Vertrauen

Die Wertschätzung des Themas und der involvierten Personen ist uns dabei wichtig. Diese Gespräche und die Ergebnisse brechen wir anschließend auf das relevante Thema herunter, mit dem Ziel,

Lösungen zu finden. Denn darum geht es: einen oder mehrere Lösungswege – eine Roadmap – zu definieren. Es ist dann an den Vorständen, Geschäftsführern, Firmeninhabern oder Abteilungsleitern zu sagen: Machen wir oder machen wir nicht. Die Klartext-Tour kann auf alles angewendet werden: interne Strukturen, Personalfragen, Vertrieb, Arbeitsprozesse, neue Ideen und Entwicklungen, B2B oder B2C. Es hat sich immer gezeigt, dass die Klartext-Tour Mehrwerte generiert – gleich zu welchem Zeitpunkt, unter welchen Umständen oder an welchem Ort.

Unsere Gespräche wurden von allen Interviewpartnern positiv bewertet. Wir gewannen sogar den Eindruck, dass es bei einigen Problemstellungen dringenden Gesprächsbedarf gab, und zwar von Kundenseite: Endlich redet jemand mit uns, endlich werden wir gefragt.

Kommunikation ist schließlich der Schlüssel zu allem – egal ob es um das »Big Why« geht, um Ziele, die Strategie, eine Roadmap oder Verbindlichkeiten. Es wird viel zu wenig konkret miteinander gesprochen. Mit »Man müsste mal ...« wird einfach etwas Vages in den Raum gestellt, mit dem keiner etwas anfangen kann und von dem sich im schlimmsten Fall keiner angesprochen fühlt. Wie soll daraus Handeln entstehen? Der Indikativ schafft eine Basis, Fakten, über die man konkret und verbindlich reden kann. Folgen Sie dann den »5 Wegen zum Machen«, geschieht das Handeln automatisch. Probieren Sie es aus und sagen Sie »Tschüss Konjunktiv« – und »Hallo Indikativ!«

> Endlich redet jemand mit uns, endlich werden wir gefragt.

»Menschen bewegen sich nur bei Schmerz oder Freude. Warten Sie ab – oder handeln Sie rechtzeitig?«

Dominic Multerer

»Der Gewinner ist nicht der mit der besten Ausrede, sondern der, der gemacht hat.«

Dominic Multerer

7 MAN MÜSSTE MAL

MACHER-HACKS

Dass Sie mit diesem Buch so weit gekommen sind, zeigt, wie intensiv Sie sich mit diesem Thema befasst haben – ein Thema, das auf den ersten Blick einfach und banal erscheint. An zahlreichen Beispielen aus dem privaten und beruflichen Leben habe ich Ihnen verdeutlicht, dass es das eben nicht ist. Hürden und Gründe, um nicht ins Handeln zu kommen, gibt es viele. Jedoch bauen wir diese Blockaden selber auf. Wichtig war mir, zu vermitteln, dass es hier um weit mehr geht als nur das Thema »Ins Handeln kommen«. Es geht um die Frage, warum wir das eben nicht tun, um tief verankerte, überholte Glaubenssätze und daraus resultierende Gewohnheiten, die uns an einer funktionierenden Strategie, die uns den Weg zum Ziel ebnen soll, hindern. Denken Sie an dieser Stelle zurück an das »Multerer-Management-Dreieck«.

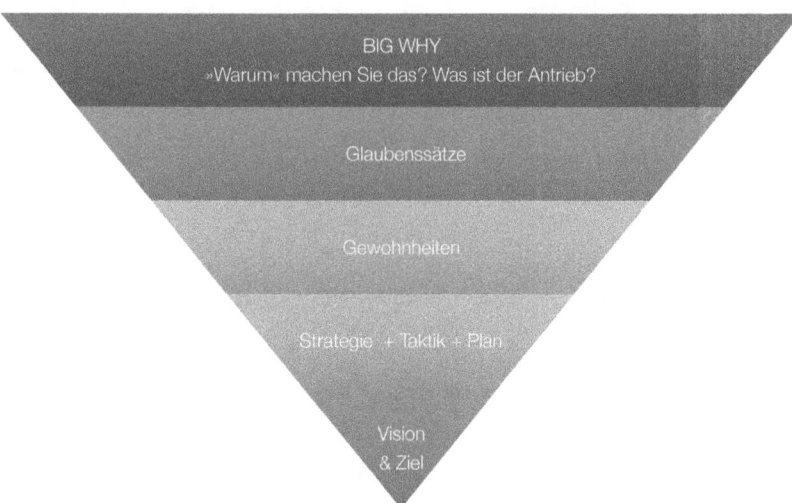

Was ich Ihnen in diesem Buch mitgeben möchte, sind Impulse. Sie beraten oder einen weiterführenden Workshop abhalten kann ich an dieser Stelle leider nicht. Dafür dürfen Sie mich aber gern ansprechen. Es wäre sicherlich der einfachere und effektivere Weg. Ein paar praktische Hilfestellungen möchte ich dennoch geben.

Nehmen Sie ruhig einen Zettel und Stift zur Hand und machen Sie sich Notizen zu den Tabellen und Diagrammen. Zwar halte ich selbst nicht so viel von diesen starren und theoretischen Gebilden, aber durch das Arbeiten mit diesen Hilfsmitteln hinterfragen Sie sich und verinnerlichen dabei die verschiedensten Schritte, um ins Handeln zu kommen. Genau das ist mir wichtig. Sie sollten dieses Buch nicht nur lesen, Sie sollen es auch als den berühmten »Tritt in den Hintern« verstehen, um vom Verwalter zum Gestalter zu werden. Darum geht es: die verwaltende, zögerliche Position aufzugeben und mutig zum verantwortlichen Gestalter zu werden, der entschlossen Entscheidungen trifft.

Also, haben Sie Stift und Zettel bereitgelegt? Dann kann es losgehen. Das eine oder andere ausgewählte Diagramm haben Sie bestimmt schon mal so oder so ähnlich in anderen Büchern, Magazinen oder Workshops gesehen.

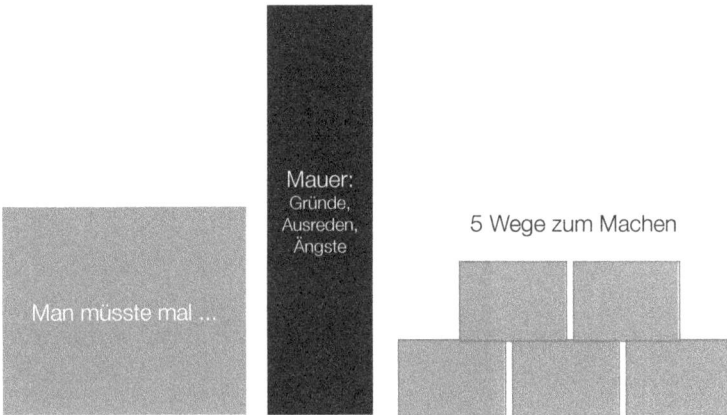

Betrachten Sie die Grafik einen Augenblick und rufen Sie sich dabei das Multerer-Management-Dreieck in Erinnerung. Was sind Ihre Blockaden, Ihre Gründe oder Ihre Gewohnheiten, die Sie von den »5 Wegen zum Machen« abhalten? Schreiben Sie diese Punkte auf. Daneben vermerken Sie gleich das positive Gegenteil – also beispielsweise:

- »Ich bin der ewige Zweite <---> Ich bin ein Sieger«
- »Es ist mühsam, alle an einen Tisch zu bekommen <---> Keine Ausreden: alle an einen Tisch!«
- »Das Budget reicht nicht aus <---> Ich strukturiere das Budget passend um«
- »Ich würde gern joggen, aber das Wetter ist schlecht <---> Egal, es geht auch bei Regen!«

Was sind Ihre Ziele? Wohin wollen Sie? Machen Sie sich klare Gedanken und fixieren Sie diese:

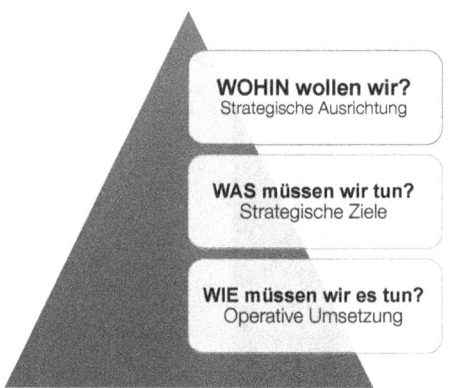

Die nächste Grafik wird Ihnen ebenfalls helfen, Ihr Ziel zu erreichen. Sie können diese auch für das Durchspielen der »5 Wege zum Machen« und Ihre Überlegungen dazu verwenden. Tragen Sie Ihre Gedanken ruhig in die Grafik ein. Das Aufschreiben, oder generell das Fixieren Ihrer Ideen, macht Ihnen die gesamte Situation bewusst: Wo befinden Sie sich gerade und wo wollen Sie hin? Wie könnten die nächsten Schritte aussehen oder was wären mögliche Etappenziele? Auch kleine Schritte realisieren schließlich das große Ganze. Der Vorteil dabei ist, man hat immer wieder Zeit, sich zu orientieren und eventuell neu auszurichten. Man übernimmt sich nicht – denn Teilerfolge sind wichtig für die Motivation.

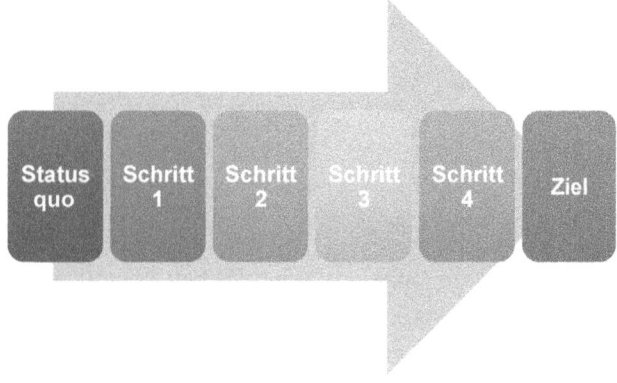

Zum Schluss möchte ich Ihnen noch etwas an die Hand geben, das Sie bei der Erstellung einer Roadmap, in der Ihre zukünftigen Maßnahmen enthalten sind, unterstützen soll.

Ziel
- Top 1:

Strategie
- Top 1:
- Top 2:

Maßnahmen
- Top 1:
- Top 2:
- Top 3:

Roadmap
- Top 1:
- Top 2:
- Top 3:

Um wie viele Punkte Sie diese Schemata erweitern oder kürzen, ist völlig unerheblich. Was zählt, ist die bewusste Auseinandersetzung mit einem Ziel, einer Herausforderung und das Finden von Lösungen. Erst dann sind Sie in der Lage, einen Eigen- & Fremdbildabgleich zu machen und Gespräche zu führen – sprich Informationen zu sammeln, Bereitschaft und Verbindlichkeiten zu provozieren, Entscheidungen zu fällen und Entscheidungsgrundlagen in Form einer Roadmap zu erstellen, an die sich alle involvierten Personen zu halten haben und die wiederum Grundlage für weitere Entscheidungen ist.

Ich muss zugeben, das war sehr viel Theorie. Wichtig ist: Oberflächliche Planungen, ungenaue Ziele oder der Konjunktiv bringen nichts. Wenn Sie nicht reflektieren, keine klaren Ziele haben und die »5 Wege zum Machen« durch Ausreden blockieren, dann enden Sie wieder bei: »Man müsste mal ...« Garantiert.

UNMORALISCHE ANGEBOTE DES AUTORS

Feedback zu diesem Buch

Habe ich Sie zum Nachdenken angeregt? Oder sind Sie zwischenzeitlich schon erste Schritte gegangen? Wenn ja – das habe ich mit diesem Buch auch beabsichtigt und es wäre schon viel. Gern möchte ich mit Ihnen in den Dialog treten. Daher interessiert es mich: Welche Impulse konnte ich setzen? Was habe ich bei Ihnen ausgelöst? Wie wollen Sie künftig vorgehen?

Lassen Sie es mich bitte wissen, wenn Sie auf Basis dieses Buches in Ihrem Unternehmen oder in ihrem privaten Leben eine Veränderung anschieben wollen.

Ich freue mich über jedes Feedback von Ihnen.

Kontaktieren Sie mich bitte:

info@dominic-multerer.de

Sparringspartner oder Weggefährte?

Jetzt wollen Sie es wissen? Sie möchten an Ihrem Unternehmen arbeiten und/oder etwas verändern? Sprechen Sie mich an. Gemeinsam finden wir Lösungen.

Ich möchte Sie unterstützen, ob durch ein einmaliges Sparring, eine Klartext-Tour, bei der alles infrage gestellt wird, oder aber durch eine langfristige Begleitung als Strategie- und Umsetzungspartner.

Jedes Unternehmen und jede Branche tickt anders. Wir finden gemeinsam das passende Vorgehen. Sprechen Sie mich an:

info@dominic-multerer.de

Vortrag zu diesem Buch

Dieses Buch hat Sie fasziniert ? Sie möchten den Autor live erleben und mit ihm Ihr Event für Kunden, Mitarbeiter & Co. bereichern? Kein Problem.

Speziell zu diesem Themengebiet und auf Basis dieses Buches hat Dominic Multerer einen praxisorientierten Vortrag entwickelt. 5-Sterne-Redner Dominic Multerer zeigt Ihnen, wie Sie über die »5 Wege zum Machen« ins Handeln kommen und vom Konjunktiv zu Indikativ wechseln. Mit seiner provokanten und direkten Art rüttelt er wach, bietet aber gleichzeitig Lösungen, die zum Erfolg führen. Dominic Multerer ist es wichtig, dass das Prinzip und die Mechanismen der »5 Wege zum Machen« so verstanden werden, dass diese Ihnen in »Fleisch und Blut« übergehen. Für seine hervorragenden Leistungen als Vortragsredner erhielt er 2012 den Rednerpreis für den »Best Newcomer« und 2015 für »Best Media«.

Themen- und Buchungsanfragen bitte an:

vortrag@dominic-multerer.de

Klartext-Tag

Wenn Sie möchten, laden Sie mich gern in Ihr Unternehmen ein. Egal, ob zu zweit mit Ihnen als Unternehmer oder in großer Runde mit der Geschäftsführung, den Mitarbeitern oder dem Vorstand: Es wird Klartext gesprochen.

Mit einem Tag Vorbereitungszeit und einem kurzen Briefing Ihrerseits komme ich in Ihr Unternehmen und wir bearbeiten ein konkretes Thema oder hinterfragen: Was kann anders oder besser werden? Wie schaffen wir mehr Wachstum? Wie kann der Vertrieb besser funktionieren?

Dieser Klartext-Tag gibt neue Impulse und stellt eingefahrene Betrachtungsweisen infrage. Sie als Marketing-, Vertriebs- oder Personalleiter haben es schwer, den Vorstand von neuen Ideen oder konkreten Veränderungen zu überzeugen?

Dann lassen Sie uns den Damen und Herren die Augen öffnen. Manchmal geht es aber auch dem Vorstand so: Die Mitarbeiter blocken. Dann lassen Sie uns die Mitarbeiter dafür begeistern.

Bei Interesse genügt eine kurze Mail:

klartext@dominic-multerer.de

Nach meinem Besuch werde ich Ihnen eine Roadmap liefern, mit der Gedanken, Ideen und Veränderungen in sofortiges, produktives Handeln umgesetzt werden können – versprochen.

Das kann ich für Sie tun:

Klartext-Tag

Ein Beratungstag, der neue Horizonte eröffnet. Gemeinsam reflektieren wir das Bestehende und erarbeiten neue Konzepte – und nutzen mein Know-how aus verschiedensten Branchen. Dieser Tag schafft Mehrwerte. Einfach testen und machen!

Sensibilisierung

Impulse auslösen. Menschen zum Um- oder Nachdenken bewegen. Eigenmotivation schaffen. Bei diesen Themen helfe ich mit Vorträgen, Audits o. Ä.

Sparrings fürs (Top-) Management

Ich komme immer wieder darauf zurück: Das Zaubermittel heißt Klartext. Es hilft Führungskräften, Entscheidungen neutral abzuwägen und über sich selber zu reflektieren.

Klartext-Tour

Die Klartext-Tour eignet sich dafür, Verbesserungen oder ein Stimmungsbild des ganzen Unternehmens einzufangen oder ein spezielles Thema zu beleuchten. Gemeinsam mit dem Institut für Wachstumschancen und Innovationen (IWCI) führe ich beispielsweise Gespräche mit Kunden, Mitarbeitern oder Partnern. So finden wir Lösungen und Ansätze für Verbesserungen und erarbeiten gemeinsam eine Roadmap zum Ziel.

Strategie

Aktionismus hilft niemandem; Marken, Prozesse und Veränderungen müssen wachsen. Wenn Sie Ihre Marke, Ihr Unternehmen wieder mit Werten, Tugenden und Relevanz aufladen und erlebbar machen wollen, stehe ich Ihnen zur Seite. Ich zeige Ihnen, wie Sie beispielsweise wahrgenommener Marktführer werden. Einheitsbrei ist langweilig.

Umsetzung

Alles alleine umsetzen kann ich natürlich nicht – aber mein Netzwerk aus Agenturen, Programmierern, das IWCI und zahlreiche freie Generalisten und Spezialisten steht für Sie bereit. Wir sind Macher und Gestalter.

»Leider lässt sich wahrhafte Dankbarkeit mit Worten nicht ausdrücken.«

Johann Wolfgang von Goethe

DANKE

Ein herzliches Dankeschön an die vielen Beiträger und Unterstützer, die dieses Buch möglich gemacht und geprägt haben – ob durch Vorwort, Statements oder Interviews. Ihr alle habt mitgeholfen, dieses ungewöhnliche Buch lebendig zu machen. Danke.

Um so ein langfristiges Projekt verwirklichen zu können, braucht man ebenso Familie und Freunde, die einen immer aufs Neue »runterholen«, aber trotzdem antreiben. Ohne diese Rückendeckung wäre vieles nicht möglich.

Last, but not least: Danke an alle Partner und Unterstützer auf dem Weg hierher. Damit meine ich alle, ob Kunden, Journalisten, Gesprächspartner, Freunde oder »Feinde« (wenn es so etwas gibt), einfach alle.

Das Leben prägt einen in jedem Moment, daraus lernt man, und jede dieser Erfahrungen hat mir geholfen, dieses Buch so zu realisieren, wie Sie es jetzt in den Händen halten.

Dominic Multerer (Jahrgang 1992) gehört zu den führenden Marketing- und Vertriebsprofis, berichten Medien wie die T3N. »Er quatscht nicht, er liefert Beweise«, schreibt das Handelsblatt über Multerer, der branchenübergreifend als Berater, Interimsmanager oder Mitglied der Geschäftsführung mehrere Mittelständler zum wahrgenommenen Marktführer machte, Unternehmensstrategien entwickelte und Geschäftsmodelle weiterentwickelte. Konzerne unterstützt die Dominic Multerer GmbH in Marketing-, Vertriebs- und Strategiefragen. Er schreibt Beiträge für führende Wirtschaftspublikationen, ist Autor mehrerer Bücher (die sogar in China erschienen sind), hält Vorträge auf Kongressen sowie Vorlesungen an Business-Schools. Das Handelsblatt kürte ihn mit 16 Jahren zu Deutschlands jüngstem Marketingchef. Für seine Kompetenzen als Marketingexperte verlieh ihm die führende asiatische IIC University of Technology 2017 die Ehrendoktorwürde. Dominic Multerer ist der Gründer des führenden IWCI – Instituts für Wachstumschancen und Innovation. Zu seinen Referenzen zählen: Sport1, DÜRKOP, mps public solutions, GABAL Verlag, Deutsche Bahn, Evonik, STAHLWILLE, BP, Goodyear und mehr.

Mehr unter: www.dominic-multerer.de

Das Vermächtnis des Erfinders von Guerilla Marketing

Wir sind täglich einer schier unendlichen Menge an Werbebotschaften und Informationen ausgesetzt, die wir kaum noch wahrnehmen, geschweige denn verarbeiten können. Als Konsumenten sind wir genervt von Werbung, und die Produkte scheinen immer ähnlicher und austauschbarer. Alleinstellungsmerkmale schwinden und viele Anbieter differenzieren sich nur noch über den Preis oder die Kommunikation. Wie also kann man sich als kleines Unternehmen in solchen Branchen gegen die Big Player durchsetzen, die mit Marketing-Budgets im Millionenbereich arbeiten?

Die Antwort: mit Guerilla Marketing. Doch was ist das überhaupt? »Guerilla Marketing« ist eine Wortschöpfung des Marketing-Experten Jay C. Levinson und bezeichnet eine speziell auf kleine und mittlere Unternehmen und Personen zugeschnittene Form des Marketings, die darauf abzielt, bei minimalem Einsatz der Mittel maximalen Erfolg zu erzielen. So steht die kreative Umsetzung einer Botschaft im Mittelpunkt, ganz im Gegensatz zur herkömmlichen Massenwerbung. Dieses Buch ist deshalb eine Goldgrube für alle, die sich auch ohne große Budgets Gehör verschaffen wollen, sei es für ihr Produkt oder ihre Dienstleistung, eine politische Botschaft oder einfach nur einen originellen Mailingtext.

Jay Conrad Levinson
Guerilla Marketing Bibel
400 Seiten, Hardcover
Euro 34.90 | sFr. 44.–
ISBN 978-3-907100-69-1

Dieses umfangreiche Kompendium enthält das Beste aus über 30 Jahren Guerilla Marketing – eine Kombination aller Geheimnisse, Strategien und Taktiken, mit Werkzeugen aus über 30 Guerilla-Bestsellern – aufbereitet für eine neue Generation von Unternehmern des 21. Jahrhunderts.

»Dieses Buch ist die **Essenz des Guerilla Marketings.** Legen Sie es nicht weg – es wird Ihre Marketing Bibel.« Jill Lublin

»Um zu überleben, müssen Firmen von Haifischen lernen.« (Richard Branson)

Haie gelten in der Natur als gefürchtete Tötungsmaschinen. Der schlechte Ruf ist aber unbegründet, denn betrachtet man ihr Verhalten genauer, kann man sehr viel lernen: strategisch höchst wirksame und effiziente Methoden, um im Konkurrenzkampf der Natur zu bestehen und erfolgreich zu sein. Inspiriert durch das Verhalten der Haie, die ihre Instinkte im Verlauf von 420 Millionen Jahren Evolution entwickelt haben, zeigt Unternehmensberater und Keynote-Speaker Stefan Engeseth, wie man die scheinbar unbesiegaren Marktführer angreifen und sich selbst einen Platz am Markt sichern kann.

Die Natur ist viel cleverer als Harvard, McKinsey, Apple und alle anderen zusammen: In der Natur müssen die Haie in Bewegung bleiben, um zu überleben. Das ist im Business ähnlich, nur treten viele Marktführer auf der Stelle und ruhen sich auf ihren Lorbeeren aus – um schließlich als Futter für die Haie zu enden. Haie attackieren aber nicht mit endlosen PowerPoint-Präsentationen – sie greifen an und holen sich ihren Marktanteil. Nicht zuletzt darum fürchten sich Menschen vor allem vor dem unerbittlichen Angriff der Haie.

Stefan Engeseth
SHARKONOMICS
So attackieren Sie die Marktführer
192 Seiten, gebunden
Euro 19.90 | sFr. 28.–
ISBN 978-3-03876-508-0

Dabei erkennen selbst die besten Jäger, dass auch sie verwundbar sind. Sie lassen ihre Verteidigung keineswegs außer Acht. Die meisten Unternehmer ignorieren ihre Abwehrstrategien, darum treffen sie die Angriffe anderer häufig gänzlich unvorbereitet. Mit dem größten Respekt vor dem Instinkt des Jägers gibt dieses Buch Einblicke, wie Sie selbst zum Jäger werden, umsichtig planen und im geeigneten Moment zuschlagen. Gleichzeitig jedoch betont es die Umsicht, um auf Angriffe vorbereitet zu sein, sie abwehren zu können und im sicheren Fahrwasser zu bleiben.

»Guter Tipp: Lesen Sie dieses Buch, bevor es Ihre **Konkurrenz** in die Hände bekommt.« Michael Raffnsøe, CEO Danish Marketing

150 Strategien für Erfolg in chaotischen Zeiten

Wussten Sie, dass Firmen wie Hewlett-Packard, Disney, Apple, MTV, Microsoft, CNN, Burger King und viele andere in Zeiten von Rezessionen gegründet wurden? Perioden der Unsicherheit und des Wandels waren schon immer ein perfekter Nährboden für neue Möglichkeiten, da in diesen Zeiten die Karten neu gemischt werden. Wer Erfolg haben will, muss daher lernen, den Schwerpunkt weniger auf Struktur und Stabilität, sondern auf rasche Adaption zu legen. Die Fähigkeit, Informationen zu filtern und Chancen früh zu erkennen und zu nutzen wird künftig über den Erfolg einer Firma entscheiden.

»Zündstoff« liefert Ihnen verblüffende Einsichten, spannende Fallbeispiele und clevere Strategien mit einer erfrischenden Portion Humor. Ein außergewöhnliches Buch, das nicht bloß inhaltlich, sondern auch von der Ausstattung her überzeugt: durchgehend vierfarbig, reichhaltig illustriert und edel gebunden eignet es sich ideal als Geschenk für innovative Manager oder als anregende Nachttischlektüre. Wann geben Sie Ihren Ideen »Zündstoff«?

Jeremy Gutsche
ZÜNDSTOFF

272 Seiten, vierfarbig,
Hardcover, Ledereinband
Euro 34.90 | sFr. 44.–
ISBN 978-3-907100-20-2

»Der ultimative Ratgeber für alle, die ihr Augenmerk auf Chancen gerichtet haben. Jeremy Gutsche liefert einen Werkzeugkasten, der dem Leser hilft, eine Kultur der Innovation zu fördern, grossartige Produkte hervorzubringen und die Welt zu verändern.« (aus dem Vorwort von Guy Kawasaki)

»Gutsche eröffnet eine ganz neue Sichtweise darauf,
wie **Innovationspotenzial** in Unternehmen entfaltet werden kann.« CNN

Ein Buch für alle, die Storytelling wirklich ernsthaft betreiben

»Content is king.« Wir alle kennen diese abgedroschene Phrase. Dennoch stimmt sie: Gute Inhalte entscheiden über Erfolg oder Scheitern, Image und Reputation, Likes und Shares, Glaubwürdigkeit und Identifikation. Aber leider sagt sie nur, dass gute Inhalte wichtig sind, und nicht, wie man sie entwickelt.

Auf diese Frage hat der renommierte Filmdramaturg, Drehbuchdozent und Storytelling-Berater Ron Kellermann eine Antwort: mit dramaturgischem Denken – einer Denkmethode, die Fragen so anwendet, dass die Qualität von Inhalten geprüft und definiert werden kann. Dramaturgisches Denken wurzelt in der fiktionalen Dramaturgie und ist damit auch die professionelle Grundlage des Storytelling, der Gestaltung von Inhalten in Form einer Geschichte.

Dieses fundierte Handbuch zeigt, wie man im Journalismus, der Unternehmenskommunikatio und der Politik mittels dramaturgischem Denken relevante Themen erkennt, effizienter recherchiert, interessante Inhalte entwickelt sowie bedeutsame und zugleich unterhaltsame Storys erzählt, von denen Menschen emotional berührt werden und mit denen sie sich identifizieren. Eine Pflichtlektüre für alle, die Storytelling ernsthaft betreiben.

Ron Kellermann

Das Storytelling-Handbuch

320 Seiten, Hardcover
Euro 34.80 | sFr. 44.–
ISBN 978-3-907100-89-9

»Tiefgründig, klar und verständlich geschrieben. (...) Bisher das beste Buch, das über **Professionelles Storytelling** geschrieben wurde.«
Alexander Lauber, Storycoach

Am Rande des Chaos – Neues Denken für bewegte Zeiten

Wie schaffe ich Unternehmensstrukturen, in denen nicht nur leistungsorientiert, sondern auch kreativ und mit viel Flexibilität gearbeitet werden kann? Es gibt heute erst wenige Unternehmen, die diesen scheinbar so gegensätzlichen Ansprüchen gerecht werden – entweder wird sehr effizient, aber nach starrem Fahrplan gearbeitet, oder es herrscht das kreative Chaos, in dem viele Abläufe schlecht organisiert sind und viel Zeit, Geld und Energie verschwendet wird.

Danah Zohar studierte am M.I.T. Physik und Philosophie und lehrt an der Oxford University. Für sie ist ganzheitliches, vernetztes Denken keine modische Attitüde, sondern Programm. Sie zeigt auf, wie man im Unternehmen ein Umfeld schafft, in dem sich Kreativität und Effizienz die Waage halten. Die vielen Beispiele und Fallstudien aus der Beratungsarbeit zeigen auf, wie der Ansatz auch für den eigenen Arbeitsalltag direkt umgesetzt werden kann. Das ganzheitliche Denken wird verdeutlicht durch zahlreiche Analogien zu den neuesten Erkenntnissen aus den Naturwissenschaften, die das Buch zu einer äußerst spannenden und anregenden Lektüre machen.

Dieses spannende Buch führt den Leser ebenso kompetent wie verständlich durch alle wissenschaftlichen Disziplinen, die unser Bild der Welt einschneidend verändert haben: Quantenmechanik, Chaosforschung, Komplexitätstheorie, Gehirnforschung und vieles andere mehr ...

Danah Zohar
Am Rande des Chaos
256 Seiten, gebunden
Euro 24.80 | sFr. 34.90
ISBN 978-3-907100-25-7

»Ein mitreissendes Buch **mit echtem Wow!-Effekt,**
das ein Aha-Erlebnis nach dem anderen provoziert.«   changeX

Erfinden Sie noch Produkte oder betreiben Sie schon echte Innovation ?

Als Apple den iPod und iTunes in die Welt setzte, wurden nicht bloß Produkte erfunden, sondern zugleich das Verhältnis der Menschen zu Musik und ihr Umgang damit für immer grundlegend verändert. Auch eBay schuf nicht einfach einen Markt für Auktionen, sondern veränderte das Einkaufserlebnis und die Rolle des Gemeinschaftsgefühls. Dies sind Beispiele dafür, wie für viele Firmen das Konzept echter Innovationen zur treibenden Kraft ihres Erfolgs geworden ist.

Thomas Koulopoulos ist Gründer und CEO der Delphi Group, die sich seit über 30 Jahren auf Innovationsmanagement und -beratung spezialisiert hat. Auf seiner Kundenliste stehen Top-Firmen wie IBM, Pfizer, Dupont, HP, Microsoft, Toyota und viele andere.

Als Brancheninsider gewährt der Autor einen Blick hinter die Kulissen der weltweit innovativsten Firmen. Er zeigt dabei auf, dass hinter dem Glanz erfolgreicher Trends und Produkte weder Zufall noch Zauberei stecken, sondern harte konzeptionelle Arbeit und langfristige strategische Überlegungen. In einer klaren und eleganten Sprache stellt er die Methoden, Werkzeuge und Verhaltensweisen vor, die einer Firma helfen, sowohl Marktwert als auch Kundennutzen markant zu erhöhen und sich langfristige Wettbewerbsvorteile zu sichern.

Thomas M. Koulopoulos
Innovations-Zone
272 Seiten, gebunden
Euro 29.80 | sFr. 44.–
ISBN 978-3-907100-34-9

«Eine wichtige Lektüre für alle, die in ihrer Firma eine echte Innovationskultur aufbauen wollen.»
Colin Angle, CEO und Gründer von iRobot

Das Standardwerk zum Thema Souveränität

Wenn von einer starken Persönlichkeit die Rede ist, die gelassen auftritt, verantwortungsvoll entscheidet und handelt, kommt schnell das Wort Souveränität ins Spiel. Die Fähigkeit, eigene Anliegen überzeugend nach außen zu vertreten und fair mit anderen umzugehen, ist nicht nur für Entscheidungsträger in Unternehmen unabdingbar.

In diesem Grundlagenwerk beleuchtet Business-Philosoph und Erfolgsautor Stéphane Etrillard die Facetten einer souveränen Persönlichkeit. Anhand praktischer Beispiele zeigt er, wie man zu mehr Souveränität im beruflichen Umfeld und somit zu einer höheren Lebensqualität gelangt. Dabei verknüpft der Autor sehr geschickt fachliche Informationen aus den Bereichen Psychologie, Philosophie und Linguistik mit seinen praktischen Erfahrungen aus der Arbeit mit Tausenden von Seminarteilnehmern sowie den Lebensgeschichten realer Persönlichkeiten wie Coco Chanel, Johnny Cash, Gertrude Stein und Alice Herz-Sommer. Denn das, was eine souveräne Persönlichkeit auszeichnet, ist nicht zuletzt die Bereitschaft, von anderen erfolgreichen Menschen zu lernen.

»Stéphane Etrillard hat ein wirklich souveränes Mutmach-Buch geschrieben! Jeder kann Souveränität erlangen. Das ist zwar nicht einfach, doch möglich. Und mit diesem Buch werden die besten Voraussetzungen dafür geschaffen.« (Prof. Dr. Lothar Seiwert, Keynote-Speaker und Bestsellerautor)

Stéphane Etrillard

Prinzip Souveränität

296 Seiten, gebunden
Euro 24.90 / sFr. 34.90
ISBN 978-3-907100-94-3

Midas-Fachbücher erhalten Sie in jeder Buchhandlung oder direkt beim Verlag: www.midas.ch